Harald Lesch
Cecilia Scorza-Lesch

Quantenphysik
für Fußgänger

Cecilia Scorza-Lesch ist promovierte Astrophysikerin und Koordinatorin der Öffentlichkeitsarbeit der Fakultät für Physik der Ludwig-Maximilians-Universität München. Sie erhielt u. a. den Hans-Ludwig-Neumann-Preis für Didaktik der Astronomischen Gesellschaft, den Scientix-Preis der EU und den Kepler-Preis für Physikunterricht. Zusammen mit Harald Lesch und Kollegen initiierte sie das Projekt »Der Klimawandel: Verstehen und Handeln«, das seit 2018 mit großem Erfolg an deutschsprachigen Schulen läuft. Sie war außerdem Co-Autorin des Buches *Die Entdeckung der Milchstraße.*

Harald Lesch ist Professor für Theoretische Astrophysik am Institut für Astronomie und Astrophysik der Ludwig-Maximilians-Universität München und einer der bekanntesten Naturwissenschaftler in Deutschland. Seit vielen Jahren vermittelt er einer breiten Öffentlichkeit spannendes populärwissenschaftliches Wissen. Durch die Sendereihe *alpha-Centauri* bekannt geworden, moderiert er heute u. a. *Leschs Kosmos* im ZDF. Er hat, allein oder mit Co-Autoren, eine Vielzahl erfolgreicher Bücher veröffentlicht, zuletzt *Was hat das Universum mit mir zu tun?*, *Wenn nicht jetzt, wann dann?*, *Denkt mit!* und *Die Entdeckung der Milchstraße.*

www.cbertelsmann.de

Harald Lesch
Cecilia Scorza-Lesch

Quantenphysik für Fußgänger

Eine Reise
in die Quantenwelt
von der Photo-
synthese bis zur
Kryptographie

C.Bertelsmann

Das vorliegende Buch ist eine erweiterte und aktualisierte Neuausgabe des Buches *Quantenmechanik für die Westentasche* von Harald Lesch und dem Quot-Team, erschienen 2007 im Piper Verlag, München.

2. Auflage

in der Penguin Random House Verlagsgruppe GmbH,
Neumarkter Straße 28, 81673 München
produktsicherheit@penguinrandomhouse.de
(Vorstehende Angaben sind zugleich Pflichtinformationen nach GPSR.)
Lektorat: Eckard Schuster, München
Umschlaggestaltung: Büro Jorge Schmidt
Umschlagabbildung: © shutterstock/Ekaterina Pulenko
Satz: satz-bau Leingärtner, Nabburg
Druck und Bindung: Friedrich Pustet GmbH & Co. KG, Regensburg
Printed in Germany
ISBN 978-3-570-10592-4
www.cbertelsmann.de

Inhalt

Vorwort: 100 Jahre Quantenmechanik

Wir feiern 2025 die Entdeckung und Entwicklung einer der berühmtesten, erfolgreichsten und einflussreichsten Theorien der Naturwissenschaften – der Quantenmechanik. 100 Jahre nach ihrer ersten mathematischen Formulierung im Jahr 1925 bildet sie inzwischen das Fundament für unser physikalisches Verständnis des Aufbaus der Materie, ihrer elementaren Bausteine und ihrer Wechselwirkung mit elektromagnetischer Strahlung. Dank der Erkenntnisse der Quantenmechanik sind wir in der äußerst bemerkenswerten Lage, die Materie ganz nach unseren Vorstellungen zu verändern. Damit haben wir unseren Heimatplaneten wie kaum eine andere Spezies verwandelt. Es ist also nicht überraschend, dass sich die Erkenntnisse der Quantenmechanik wie keine andere naturwissenschaftliche Theorie auf viele Bereiche in Kultur, Wissenschaft, Technologie und Kunst auswirken.

Ganz konkret erklärt die Quantenmechanik beispielsweise, wie und warum die Sonne strahlt, was die Materie zusammenhält, und auch, wie manche Moleküle zur Klimaerwärmung beitragen und andere nicht. Sie liefert ein sehr präzises Bild der Struktur der Materie, ihrer kleinsten Bausteine, von deren Wechselwirkungen, die große Unterschiede hervorrufen und für uns so wichtige Eigenschaften entstehen lassen. Das quantenmechanische Verständnis hat bahnbrechende technische Entwicklungen in der Materialforschung hervorgebracht, die unsere moderne Welt nachhaltig bestimmen und verändern. LEDs als energiesparende Leuchtmittel, äußerst leistungsfähige Computerchips, die Herzstücke modernster digitaler Technologien, die Magnetresonanztomographie als bedeutendes Instrument der medizinischen Bildgebung und darüber hinaus vieles mehr sollen gefeiert werden im Jahr 100 der quantenmechanischen Revolution. Denn diese Umwälzung wird weitergehen, sie wird unsere Kommunikation und Mobilität genauso verändern wie die Kontrolle und Steuerung der globalen Datennetze, die wir so dringend brauchen, um die Zukunft auf der Erde gut werden zu lassen. Die Quantenmechanik als den »Heiligen Gral« der Physik zumindest ansatzweise zu verstehen, ihre grundlegenden Prinzipien kennenzulernen und ihre kaum vorstellbaren Erfolge in Erkenntnis und technischer Anwendung zu beschreiben, das ist der Inhalt unseres Büchleins.

Physik – die Suche nach den Ursachen

Die Physik untersucht mit wissenschaftlichen Methoden theoretisch und experimentell *mögliche* Ursachen und Wirkungen, die sich in der Natur zeigen. Sie sucht also nach den objektiven, *tatsächlichen* Ursachen, die sich durch technische Messapparate nachweisen lassen. Mit anderen Worten: Es wird der Zusammenhang von Ursache und Wirkung gesucht, die unabhängig von uns Menschen sind. Subjektive Eigenschaften wie persönliche Haltungen, Meinungen, Hoffnungen, Visionen oder Träume oder gesellschaftliche Traditionen wie Politik, Religionen oder Ideologien spielen in der konkreten Ausführung der Wissenschaft Physik keine Rolle. Fortgang und Fortschritt der Physik messen sich ausschließlich an der Zahl und Qualität der bestätigten Vorhersagen ihrer theoretischen Vorstellungen vom Zusammenhang der vermuteten Ursache und der zu messenden Wirkung. Je genauer eine Vorhersage durch Experiment und Beobachtung überprüft und bestätigt werden kann, desto tiefer ist das Verständnis von der kausalen Verbindung von Ursache und Wirkung.

Von großer Bedeutung für das Verständnis des Zusammenhanges von Ursache und Wirkung ist dabei die seit dem 19. Jahrhundert bekannte Tatsache einer höchsten Geschwindigkeit, mit der sich eine verursachte Wirkung beziehungsweise eine wirksame Ursache ausbreiten kann. Dies ist die Lichtgeschwindigkeit *c*. Sie beträgt etwa 300 000 Kilometer pro Sekunde und kann nicht überschritten werden. Signale können sich innerhalb einer Zeit *t* höchstens um die Distanz *c* mal *t* ausbreiten. Damit ist eine Länge bestimmt, in der innerhalb einer Zeitspanne überhaupt eine Ursache eine Wirkung erzeugen kann. Zum Beispiel erfahren wir von den Helligkeitsschwankungen der Sonne, die 150 Millionen Kilometer von der Erde entfernt ist, erst nach rund acht Minuten.

Die zunächst rein theoretische Spekulation einer maximalen Wirkungstransportgeschwindigkeit stammt aus der Speziellen Relativitätstheorie, die Albert Einstein (1879–1955) im Jahre 1905 veröffentlichte. Sie wurde experimentell ausnahmslos auf allen Ebenen des experimentellen Nachweises bestätigt. Sie ist eine Tatsache.

Gleiches gilt für eine weitere Grenze der physikalisch nachweisbaren Wirklichkeit. Sie wurde bereits fünf Jahre vor der Speziellen Relativitätstheorie vorgeschlagen. Es geht um die kleinste Wirkung im Universum. Max Planck (1858–1947) veröffentlichte im Jahre 1900 einen Fachartikel über den Ursprung der Wärmestrahlung aller Objekte im Universum und deren Verteilung, also das Spektrum der abgegebenen Strahlung. Nach rein mathematischen Gesichtspunkten verlangte Planck nach einer kleinsten Wirkung, die nicht unterschritten werden kann – das später nach ihm benannte Wirkungsquantum, abgekürzt *h*, mit dem außerordentlich kleinen Wert $6{,}6260\ 10^{-34}$ Joulesekunden. Jede Abgabe und Aufnahme von Strahlungsenergie kann nur in solchen »Paketen« von *h* mal der Strahlungsfrequenz existieren, so Planck. Diese sehr spektakuläre Forderung wurde zunächst rein theoretisch, nach mathematischen

Gesichtspunkten, formuliert, als Spekulation. Sie erwies sich unter den schärfsten experimentellen Nachweisbedingungen als richtig. Sie wurde immer bestätigt. Sie ist eine Tatsache, eine Naturkonstante.

Mit diesen experimentell bestätigten, tatsächlichen Grenzen ist die physikalische Wirklichkeit (man beachte, dass die Wirkung im Wort *Wirk*lichkeit versteckt ist) abgegrenzt. Es können nur Wirkungen erfasst werden, deren Ursachen innerhalb einer gewissen Zeit überhaupt wirksam werden konnten und die eine gewisse minimale Energie besitzen. Und genau damit, mit der physikalischen Wirklichkeit innerhalb der kausal möglichen Vorgänge dieser Welt, beschäftigt sich die Physik. Etwas flapsig formuliert: Die Physik beantwortet die »vorletzten« Fragen danach, wie die Welt ist. Sie hat keine Antwort auf die Frage, warum die Welt ist.

Dabei ist sie allerdings der Antwort auf die Frage, was die Welt im Innersten zusammenhält, so nahe gekommen wie keine andere Naturwissenschaft. Sie kennt die Zusammenhänge von Raum, Zeit, Materie und Energie in der Wirklichkeit. Dies wiederum versetzt sie in die Lage, Materie und Energie in Raum und Zeit immer perfekter, effektiver und effizienter zu nutzen. Deshalb hat die Nutzung ihrer Ergebnisse und Erkenntnisse im Laufe der Geschichte eine immer größere Bedeutung für die Entwicklung der Menschheit.

Physik als Werkzeug der Lebensbewältigung

Im Grunde betreiben Menschen Physik, seit sie versuchen, die Natur zu verstehen, um sich vor den Gefahren und Widrigkeiten in ihrer natürlichen Umwelt zu schützen. Die Natur ist derjenige Teil der Welt, dessen Zustandekommen, Erscheinungsformen und Wirken unabhängig von Eingriffen des Menschen sind, die sich also schon immer von selbst machen. Die Natur war schon vor den Menschen da, zugleich sind Menschen als Ergebnis der biologischen Evolution des Lebens auf der Erde Teil der Natur. Menschen sind deshalb auf die natürlichen Lebensbedingungen unbedingt angewiesen, die Natur liefert Nahrung, Wasser und die Luft zum Atmen. Aber die Natur stellt auch Risiken für Lebewesen dar: Stürme, Vulkanausbrüche, Feuersbrünste, aber auch aggressive Krankheitserreger, Viren und Bakterien können uns Menschen das Leben nehmen.

Deshalb war und ist das möglichst tiefe Verständnis der Natur im wahrsten Sinne des Wortes überlebenswichtig für uns Menschen. Regelmäßige natürliche Abläufe wie Sonnenaufgang und Sonnenuntergang, Ebbe und Flut, die Mondphasen oder die wiederkehrenden Jahreszeiten veranlassten Menschen zu allen Zeiten zu ersten Modellvorstellungen, teils religiös gedeutet anhand von Göttern und Mythen, teils ganz pragmatisch anhand von vermuteten Kräften und Wirkungen. Aus letzteren Modellen entwickelte sich die Physik als die Lehre von den Wirkungen in der Natur. Zwar waren einige physikalische Gesetze schon im Altertum bekannt, aber niemand konnte ahnen, dass sich die Physik zu einem so erfolgreichen, konsistenten und weitreichenden Denk- und Erklärungssystem entwickeln ließ, wie dies in den letzten 400 Jahren geschehen ist.

Als Beispiel für ein erstes physikalisches Gesetz sei hier die Auftriebskraft von Wasser genannt. Ein Stein von 100 Kilogramm, in einen See geworfen, sinkt sofort zum Boden des Sees. Ein Holzboot von 100 Kilogramm schwimmt dagegen. Nicht das Gewicht entscheidet, sondern das Volumen, in dem das Gewicht verteilt ist. Der griechische Gelehrte Archimedes entdeckte dieses Gesetz vor 2200 Jahren. Die wirklichen Gründe hinter diesem Phänomen des Auftriebs wurden aber erst viele Jahrhunderte später gefunden, als es gelang, den Aufbau der Materie komplett auf die Eigenschaften von Atomen, Molekülen und Kristallen zurückzuführen. Deshalb wissen wir heute einfach, warum ein Stein so viel dichter ist als ein Holzbrett gleicher Masse.

Heute hat Physik die Aufgabe, durch wissenschaftliche Methoden zur Erkenntnis der Natur zu gelangen. Erfasst werden Vorgänge in Raum und Zeit, die objektiver Beobachtung und Messung zugänglich sind. Das eigentliche Ziel der Physik ist es, die Vielzahl der Prozesse und die Vielfalt der Eigenschaften der Natur auf der Grundlage einiger weniger, möglichst allgemeiner, in mathematischer Sprache formulierter Grundgesetze qualitativ und quantitativ richtig zu beschreiben.

Einerseits zeigen die Erkenntnisse der Physik die unüberwindlichen Grenzen der menschlichen Einflussnahme auf die Natur. Gegen diese tatsächlichen Gesetze der Natur kann niemand verstoßen. Die durch zahllose Experimente und Beobachtungen nachgewiesenen grundlegenden Gesetze der Natur sind, soweit es die physikalische Wirklichkeit betrifft, Tatsachen.

Auf der anderen Seite zeigt die Erforschung der Naturgesetze, was im Rahmen der Naturgesetze möglich ist, und damit wird die Physik zu einem mächtigen Werkzeug der Lebensgestaltung, insbesondere zur Basis der modernen Technik in allen Facetten. Unser Leben wird seit rund drei Jahrhunderten immer stärker von physikalischen Erkenntnissen geprägt, indem die Grundlagenforschung die Physik unter möglichst natürlichen Rahmen- und Randbedingungen untersucht und die Ingenieurwissenschaften diese Ergebnisse unter technischen Zwangsbedingungen anwenden und nutzen.

Eine kurze Reise durch die Geschichte mag dies verdeutlichen: Die Entwicklung der Dampfmaschine im 18. Jahrhundert begründete und befruchtete die Thermodynamik oder Wärmelehre. Im 19. Jahrhundert waren es die elektrischen und magnetischen Effekte, die Optik, der Elektromotor und die Entdeckung der elektromagnetischen Strahlung, die die Elektrodynamik hervorbrachten. Im 20. und 21. Jahrhundert ist es der Aufbau der Materie in Atomen, Atomkernen, Molekülen, Kristallen und anderen Materiezuständen, die sich technologisch global nutzen lassen als digitale Technologie. Immer wurden physikalische Grundtatsachen durch Ingenieurwissenschaften in Technologie »gegossen«. Die globale Mobilität (Flugzeuge, Fahrzeuge, Schiffe) und die Kommunikationsfähigkeit (Computer, Digitaltechnologie, Internet) moderner

Gesellschaften basieren letztlich auf grundlegenden physikalischen Erkenntnissen über die Struktur der Materie und ihre Wechselwirkung mit Licht.

Wenn man das alles so liest, dann kann man sich schon mal fragen: Was ist das Geheimnis des Erfolges der Physik?

Physik – ein Wettbewerb des Zweifels und des Irrtums

Wie vollzieht sich die Physik als Wissenschaft? Hier folgen wir den Vorstellungen des Philosophen Sir Karl Popper (1902–1994) Gemäß seinem kritischen Rationalismus erfolgt der Erkenntnisgewinn in der Physik nach folgendem Schema: Ein physikalisches Phänomen erweist sich als »fragwürdig«, stellt also ein ungelöstes Problem dar, das auf eine rationale Lösung wartet. Zunächst wird das Phänomen durch eine vorläufige Theorie oder Hypothese erklärt. Beispiel hierfür sind die berühmten Relativitätstheorien oder die Theorie vom Aufbau der Materie, also der zu feiernden Quantenmechanik.

Die Gültigkeit solcher wissenschaftlichen Theorien wird überprüft, indem man empirisch nachprüfbare Vorhersagen aus der Theorie ableitet und mit den Ergebnissen von entsprechenden Beobachtungen, Messungen und Experimenten vergleicht. Wenn die Vorhersagen mit den Versuchsergebnissen übereinstimmen, darf die Theorie vorläufig als bestätigt gelten. Im anderen Fall ist die Theorie falsifiziert und muss gegebenenfalls durch eine neue Theorie ersetzt werden. Karl Popper formulierte dies alles in einer These: »Jede empirische Hypothese muss an der Erfahrung scheitern können.«

Eine physikalische Theorie besteht aus Grund-Sätzen, den sogenannten Axiomen. Sie stellen die grundlegenden Ideen, Begriffe, Konzepte und universellen Sätze dar, durch die eine mathematische Beschreibung der Naturvorgänge überhaupt erst ermöglicht wird. Axiome sind zwar meist aus intensiver Analyse von Naturbeobachtungen gewonnen worden, sie sind letztlich aber freie Setzungen (Grund-Gesetze) der menschlichen Vernunft, die sich in unablässiger Prüfung an der Erfahrung bewähren müssen. Praktisch jeder Erkenntnis geht also zunächst eine Vermutung voraus, jede Bewertung einer Erfahrung ist deshalb »theoriegetränkt«.

Die Formulierung einer physikalischen Theorie erfolgt, indem aus den angenommenen Grund-Sätzen allein mittels der Regeln der Logik und der Mathematik Folge-Sätze abgeleitet werden, sogenannte Wenn-dann-Aussagen. Solche Folgerungen sind Aussagen über objektive Sachverhalte in der Wirklichkeit, die an der Erfahrung (experimentell) geprüft werden können. Wenn auch nur eine der Folgerungen im Widerspruch zu den Ergebnissen des Experiments steht, ist die Theorie widerlegt (falsifiziert), es muss dann mindestens ein Axiom falsch sein. Prinzipiell müssten die Physiker nun eine neue Theorie suchen. Wenn aber eine physikalische Theorie einen großen Erfahrungsbereich annähernd zutreffend beschreibt, werden auch prinzipiell widerlegte Theorien mit gutem Nutzen weiterverwendet, allerdings unter sorgsamer Beachtung der erkannten Mängel. So erweist es sich in vielen Fällen nicht als praktikabel, eine quantenmechanische Beschreibung in Fällen zu verwenden, wo die Physik des 19. Jahrhunderts, die auch als klassische Physik bezeichnet wird, Ergebnisse mit akzeptabler Genauigkeit deutlich einfacher und schneller erzielbar macht.

Physiker sind Realisten, denn sie glauben: Außerhalb unseres Bewusstseins gibt es etwas dauerhaft Existierendes. Diese physikalische Welt ist die physikalische Wirklichkeit. Sie ist unabhängig von unserem Bewusstsein, und sie ist gesetzlich geordnet. Die physikalische Wirklichkeit kann durch eine mit mathematischen Begriffen formulierte Theorie zutreffend beschrieben werden. Die Theorie ist ein begriffliches Abbild der physikalischen Welt, dessen Wahrheitsgehalt geprüft werden kann. Viele Zusammenhänge von Tatsachen finden auf diese Weise eine Erklärung.

Die Aufgabe des Naturforschers ist es, der Wahrheit beziehungsweise den zutreffenden Antworten so nahe wie möglich zu kommen. Die physikalischen Theorien werden zwar immer wieder durch neue Forschungsergebnisse falsifiziert, stellen sich also als Irrtümer heraus, sie sind aber großartige Irrtümer und haben der Menschheit einen Reichtum an Erkenntnissen gebracht.

Das mathematische Abbild der Wirklichkeit, das eine physikalische Theorie liefert, ist die physikalische Vorstellung der Wirklichkeit. Wir werden die Wahrheit zwar nie besitzen, weil die Verifikation einer Theorie logisch unmöglich ist; wir erkennen die Wahrheit jedoch zunehmend besser, je mehr wir unsere Theorien vertiefen und erweitern. Alles Wissen ist demnach Vermutungswissen, alle Theorien sind Hypothesen. Erreicht wird nie die wahre Theorie, sondern Theorien kommen der Wahrheit immer näher. Dies gilt auch für die Theorie, die jetzt 100 Jahre alt wird, die Quantenmechanik.

Die Physik vor der Quantenmechanik

Vor der Entwicklung der Quantenmechanik konnte die Physik wichtige Fragen nicht beantworten. Hier unsere Top Drei:

1. Welche Energiequelle steckt hinter der Sonnenstrahlung?
2. Wie entsteht überhaupt die elektromagnetische Strahlung?
3. Wieso ist die Materie stabil?

Immerhin geht es bei diesen drei Fragen um grundsätzliche Probleme, die unser Dasein betreffen. Die Sonne ist der Lebensspender, sie liefert mit ihrer Strahlung die Wärme und Energie, die uns am Leben hält. Aus Materie bestehen die Dinge der Welt und wir Lebewesen. Ihren Aufbau und ihre Stabilität zu verstehen, gehört zum Grundbestand des Weltverständnisses.

Man kann mit Fug und Recht behaupten, dass der Kenntnisstand der Wissenschaften im 19. Jahrhundert sehr lückenhaft war und vieles Grundsätzliche in keiner Weise eine vernünftige und konsistente Erklärung hatte. Aber immerhin einiges war doch schon bekannt.

Die Physik entdeckte im 19. Jahrhundert die Elektrizität, den Magnetismus und die Wärme, drei völlig neue Energieformen. Bis dahin kannte man nur die mechanischen Energien der Bewegung und der Lage, die auf der Mechanik von Isaac Newton fußten. Im Jargon der Physik spricht man von kinetischer Energie und potentieller Energie. Erstere hängt mit Geschwindigkeit oder Rotation zusammen, Letztere zumeist mit der Position im Schwerkraftfeld. Als typisches Beispiel gilt ein Wasserfall, bei dem Wasser aus einer großen Höhe in Richtung Meeresspiegel strömt. Dabei verwandelt sich die Energie der Lage in Bewegungsenergie.

Aber als zu Beginn des 19. Jahrhunderts Michael Faraday (1791–1867), André-Marie Ampère (1775–1836), Alessandro Volta (1745–1827) und andere die Wirkungen von Magnetfeldern, elektrischen Strömen und elektrischen Ladungen entdeckten, da sprang die Physik in ein ganz neues Feld, das sich Mitte des 19. Jahrhunderts als Elektrodynamik fest etablieren sollte. Zwischen 1861 und 1864 gelang es James Clerk Maxwell (1831–1879), die magnetischen und elektrischen Felder mit ihren Kraftquellen, Strömen und Ladungen so elegant zu vereinigen, dass ihm die Vorhersage der bis dahin völlig unbekannten elektromagnetischen Wellen gelang, die 1886 von Heinrich Hertz (1857–1894) experimentell bestätigt wurden.

Aus der Elektrodynamik entwickelte sich die Elektrotechnik, daraus leiteten sich großartige technische Anwendungen in Dynamos, Generatoren und Transformatoren ab, die hohe und starke elektrische Spannungen und elektrische Ströme erzeugen können. Es entstanden Strom- und Spannungsnetze, die die elektrische Energie überall ins Land brachten und damit auch Häuser und Straßen in elektrischem Licht erstrahlen ließen. Und man konnte zum ersten Mal mithilfe der elektromagnetischen Wellen kommunizieren, per Telegramm und Funk bis hin zum Radio.

Wieder einmal hatte es sich gelohnt, etwas Grundlegendes zu erforschen, denn als Technik ließ sich das sehr gut nutzen. Das galt schon für die Prinzipien der Mechanik und jetzt eben auch für die Erkenntnisse aus der Elektrodynamik.

Gleiches war bereits im 18. Jahrhundert mit der Wärme geschehen. 1769 erfand James Watt die Dampfmaschine, die im Laufe der nächsten 100 Jahre immer mehr perfektioniert wurde, als Wärmekraftmaschine. Was aber wirklich hinter Wärme und den elektrischen Phänomenen steckt, das wusste man trotz der alltäglichen Nutzung von Maschinen und Technik eben nicht.

Es ergaben sich mehrere grundlegende Fragen, ohne die man die Welt, in der wir leben, nicht verstehen kann.

a) Da ist zum einen die Frage nach der Energiequelle der Sonne. Woher bekommt dieser heiße Gasball in 150 Millionen Kilometern Entfernung eigentlich die Energie, die er abstrahlen kann, und zwar für sehr lange Zeit? Die Physik des 19. Jahrhunderts hatte eine einfache Antwort: Durch die Schwerkraft, die die Sonne auf sich selbst ausübt, entsteht ein Druck (Kraft pro Fläche) und damit eine Temperatur. Ein heißer Körper wiederum strahlt. Teilt man nun die gesamte Energie der Lage einer Sonnenmasse durch die Leistung der Sonne, dann erhält man (denn Leistung ist ja Energie pro Zeit) die Zeit, die die Sonne schon strahlt oder insgesamt strahlen kann. Daraus berechnete sich ein Zeitraum von 30 Millionen Jahren, nur durch den eigenen Gravitationsdruck. Das reichte natürlich hinten und vorne nicht. Wie sich im 20. Jahrhundert herausstellen sollte, sind Meteoriten, Asteroiden, Planeten, Kometen und die Sonne 4,5 Milliarden Jahre alt, also 150-mal älter, als die einfache Physik erklären konnte.

b) Wie Wärme und die abgegebene Strahlung zusammenhängen, war ebenfalls unklar. Wie strahlen eigentlich Körper einer bestimmten Temperatur? Zum Beispiel ein Draht aus Metall, den man kontinuierlich erhitzt. Was ist überhaupt Temperatur, wie entsteht der Druck, was passiert, wenn die Gase so heiß werden, dass sie ionisiert sind, also in negative und positive Ladungsträger geteilt sind, in leicht bewegliche, elektrisch negativ geladene Elektronen und elektrisch positiv geladene schwere Ionen? Man wusste im 19. Jahrhundert tatsächlich nur wenig über die elementaren Bausteine der Materie. Man kannte die leichten Elektronen, die schweren Ionen und bereits Teile des Periodensystems der chemischen Elemente, ferner auch die Strahlungsspektren einiger Elemente, sah deren helle Emissionslinien und dunkle Absorptionslinien, die sich von Element zu Element unterschieden. Immerhin die bekannten chemischen Elemente hatte man schon geordnet, anhand von gemeinsamen und ähnlichen Eigenschaften. Zum Beispiel brachte man Lithium, Kalium und Natrium als Alkalimetalle unter einen Hut, oder Fluor, Chlor und Brom als Halogene. Aber warum die Elemente einer Gruppe sich so ähnlich waren, warum sie sich bevorzugt mit bestimmten anderen Elementen verbanden und auch wie sie ihre elektromagnetische Strahlung erzeugen oder aufnehmen, all das war völlig unklar.
c) Tja, überhaupt die Struktur der Materie! So schön die Elektrodynamik in ihren technischen Ausformungen auch nutzbar war, sie blieb aus verschiedenen Gründen schleierhaft. Insbesondere konnte sie den bis dahin schon bekannten Aufbau aus den sehr leichten, negativ geladenen Elektronen und den im Vergleich dazu rund 2000-mal schwereren positiv geladenen Ionen nicht verstehen. Denn aus der

Elektrodynamik ergab sich, dass ungleichnamige Ladungen sich anziehen und gleichnamige Ladungen sich abstoßen. Die Atome der chemischen Elemente als Ganzes sind elektrisch neutral, bestehen aber aus elektrisch negativ geladenen Elektronen und elektrisch positiv geladenen Atomkernen. Wenn die sich aber elektrisch anziehen, dann werden die Ladungen sich beschleunigt aufeinander zubewegen. Aber Ladungen, deren Geschwindigkeiten sich ändern, die also beschleunigt werden, strahlen. Beschleunigte Ladungen erzeugen elektromagnetische Wellen und verlieren deshalb Energie. Deshalb müssten sich die elektrischen Ladungen im Atom immer stärker annähern und quasi zur elektrischen Neutralität »klumpen«, was sie aber offensichtlich nicht tun. Und es wurde ja noch viel schlimmer, denn 1911 entdeckte Ernest Rutherford (1871–1937), dass die positive Ladung der Atomkerne auf einen winzigen Raumbereich des Atomkerns konzentriert ist. Jetzt verstand man schon gar nicht mehr, wieso die Elektronen nicht in den winzigen Atomkern stürzen und für immer dort bleiben. Und man verstand auch nicht, warum es Atomkerne wie etwa Heliumkerne gibt, in denen sich positiv geladene Protonen so nahe kommen, die sich als gleichnamige Ladungen abstoßen. Und trotz der starken Abstoßung bleiben die Heliumkerne stabil. Konnte man nicht erklären!

Zu Beginn des 20. Jahrhunderts hatte man also drei Eckpfeiler des physikalischen Weltbildes überhaupt nicht verstanden: die Stabilität der Materie, den Ursprung der Sonnenenergie und die Natur der elektromagnetischen Strahlung, das heißt ihren Ursprung und ihre Wechselwirkungen mit den Bausteinen der Materie.

Unser Büchlein handelt von der einen Patentlösung für all diese Fragen – sie heißt Quantenmechanik. Diese Theorie wird anhand grundlegender Prinzipien und Annahmen ein System von mathematischen Gesetzen, Vorhersagen und Aussagen entwickeln, das die Abgabe von Energie in Form von Strahlung durch geladene Teilchen genauso erklären wird wie die Stabilität der Atome, die Wechselwirkungen der Teilchen mit der Strahlung, den Aufbau des Periodensystems, die Gründe, weshalb chemische Elemente sich verbinden, und sogar die Ursachen, warum diese Verbindungen ganz bestimmte Eigenschaften haben. Sie ist der erste Schritt zur umfassenden Antwort der Physik auf die Fragen: Aus was besteht die Materie? Wie reagiert sie auf und mit elektromagnetischer Strahlung?

Und nicht nur das. Die großartigen Erfindungen des 20. und 21. Jahrhunderts waren möglich, weil die Quantenmechanik sich in ihren Aussagen und Vorhersagen hervorragend bewährt hat, ob Laser oder digitale Elektronik, ob Radioaktivität oder Kernwaffen. Keine physikalische Weltbeschreibung hat die Menschheit je so verändert, im Positiven wie im Negativen, wie die Quantenmechanik.

Dann fangen wir mal an!

Was ist Quantenmechanik?

Die Quantenmechanik ist eine mathematisch-physikalische Theorie zur Beschreibung der grundlegenden Eigenschaften von Licht und den Bausteinen der Materie. Sie befasst sich also mit den Vorgängen in der Welt der Atome und ihrer Wechselwirkung mit elektromagnetischer Strahlung. Jenseits jedes menschlichen Erfahrungsbereiches behandelt die Quantenmechanik die materiellen Wurzeln der Natur, das heißt, sie ist eine fundamentale Theorie, die mit keinem anderen mathematischen Modell der Physik zu vergleichen ist. Sie ist völlig unanschaulich, es gibt keine Möglichkeit, Quantenmechanik bildhaft, also mit Beispielen aus dem Alltag, zu erklären, denn sie beschäftigt sich mit Teilchen, deren Massen und Ausdehnungen aberwitzig klein sind, nämlich nur 10^{-30} Kilogramm beziehungsweise 10^{-18} Meter. Im Grunde stellt die Quantenmechanik zunächst nur einen rein mathematischen Formalismus dar; ihre Vorhersagen wurden allerdings bis heute in jedem Experiment quantitativ und qualitativ beeindruckend bestätigt. Gemäß der Definition von Physik als ein sich im ständigen Wettbewerb von Experiment und Theorie befindlicher selbstkritischer Beschreibungsversuch der Natur ist die Quantenmechanik heute die beste Theorie von Licht und Materie.

Gemäß unserer Beschreibung von der Physik als Wissenschaft beginnen wir mit den Grundsätzen, den Setzungen, den Axiomen der Quantenmechanik. Deshalb formulieren wir hier drei grundlegende Prinzipien. Wir nennen sie im weiteren Text »Gebote«, deren Auswirkungen in den nachfolgenden Anwendungen immer wieder thematisiert werden: der Welle-Teilchen-Dualismus, die Heisenbergsche Unbestimmtheitsrelation (auch Unschärferelation) und das Pauli-Prinzip. Die besondere Bedeutung dieser Postulate liegt in ihrem grandiosen Erfolg.

»Der Erfolg heiligt die Mittel«, so überschrieb Werner Heisenberg (1901–1976) einen seiner ersten Artikel. Dieser Satz ist der Schlüssel zu einem ganz pragmatischen Umgang mit dieser so abstrakten Theorie.

Alle drei Gebote wurden experimentell mit der höchstmöglichen Genauigkeit bestätigt; sie machen grundsätzliche Aussagen über die physikalische Wirklichkeit, also über den Teil der Wirklichkeit, den man mit objektiven Messungen nachweisen kann.

Dank dieser Prinzipien verstehen wir, warum es überhaupt stabile Materie gibt, worin die Unterschiede der chemischen Elemente im Periodensystem bestehen und wie die Sonne Energie freisetzt, um nur einige Wirkungszusammenhänge zu nennen. Alle drei haben zu technischen Revolutionen geführt. Knapp die Hälfte des Weltbruttosozialproduktes wird mit Quantenmechanik erwirtschaftet, beispielsweise durch Digitalkameras, Laser, Computer, Solarzellen, Halbleiterelektronik, medizinische Bildgebungsverfahren, Röntgenapparate und vieles mehr.

Zugrunde gelegt ist die Vorstellung, dass sich alle energetischen Prozesse auf der Ebene der Materiebausteine nie kontinuierlich, sondern immer in diskreten, nicht weiter teilbaren Paketen, den Quanten, abspielen – daher auch der Name »Quantenmechanik«. Dabei ist die nahe Verwandtschaft von Strahlung und Materie von zentraler Bedeutung. Kurz zusammengefasst könnte man formulieren: Materie ist »geronnene« Strahlung, und Strahlung ist »verdünnte« Materie.

Diese Eigenschaften von Materie und Strahlung bleiben unserer normalen Anschauung allerdings verborgen. Deshalb konnten erst nach und nach die Gemeinsamkeiten von Licht und Materie durch ausgeklügelte Experimente offengelegt werden. Dass Licht Eigenschaften aufweist, die einem materiellen Teilchen entsprechen, tritt experimentell zum Beispiel im Photoeffekt in Erscheinung, bei dem Elektronen aus einer metallischen Oberfläche durch Licht herausgelöst werden. Zur Erklärung dieses Phänomens benutzte Albert Einstein 1905 die von Max Planck bereits 1900 entwickelte Theorie, dass Strahlung aus einzelnen Paketen, den Lichtquanten (Photonen), bestehe. Die Energie eines Photons steigt mit steigender Frequenz. Nur ein Lichtquant, das eine bestimmte Mindestenergie hat, ist in der Lage, den Photoeffekt auszulösen, das heißt ein Elektron aus einer Metalloberfläche »herauszuschlagen«. Damit war klar: Licht hat Teilcheneigenschaften. Heute nutzen wir diese Erkenntnis in jeder Photovoltaikanlage.

Andererseits steht die Vorstellung, dass Licht aus einzelnen Quanten besteht, im Widerspruch zu den aus vielen Experimenten bekannten Welleneigenschaften von Licht. Lichtwellen können sich überlagern, dabei entstehen helle und dunkle Streifen, die man Interferenzmuster nennt. Außerdem zeigt Licht die Erscheinung der Beugung an Hindernissen oder Blenden. Sogar unsere Augen erkennen diese Phänomene. Licht besitzt also ganz offenbar zwei Eigenschaften, nämlich die einer Welle und die eines Teilchens.

Die Teilchennatur der Materie war schon seit dem Ende des 19. Jahrhunderts bekannt. Materie besteht aus Atomen, die ihrerseits aus positiv geladenen Atomkernen und negativ geladenen Elektronen aufgebaut sind. 1923 formulierte Louis de Broglie (1892–1987) hingegen die Hypothese, dass sich Teilchen auch wie Wellen verhalten können. Bereits 1927 konnte diese Wellennatur der Materie in voller Übereinstimmung mit de Broglies Hypothese bestätigt werden. Man lässt Elektronen durch einen engen Doppelspalt auf einen empfindlichen Beobachtungsschirm fallen. Dabei zeigt sich ein Interferenzmuster aus hellen und dunklen Streifen, genau wie bei einem Beugungsexperiment mit Wellen. Dieses Muster entsteht durch die Überlagerung von Elektronenwellen von den beiden Blendenöffnungen. Mit anderen Worten: Auch materielle Teilchen verhalten sich unter bestimmten Bedingungen wie Wellen – Materie hat Welleneigenschaften. Nun errang die Quantenmechanik ihre ersten Erfolge, indem sie versuchte, Licht wie Materie und Materie wie Licht zu behandeln.

Als nächster Schritt musste dieser neu erkundeten Ambivalenz natürlich mit einer quantitativen Beschreibung im Rahmen einer physikalischen Theorie Rechnung getragen werden. Sie muss in ihrem mathematischen Formalismus Wellen und Teilchen als gleichberechtigte mögliche Zustände enthalten. Die Grundlagen dieser Theorie, der Quantentheorie, wurden in den Jahren 1925 bis 1927 erarbeitet. Wesentlich daran beteiligt waren Erwin Schrödinger (1887–1961), Werner Heisenberg, Max Born (1882–1970), Wolfgang Pauli (1900–1958) und Paul Dirac (1902–1984). Die Quantentheorie ist etwas völlig anderes als die einfache Vorstellung von einem Welle-

Teilchen-Dualismus, sie ist viel abstrakter. Der Wellenaspekt wird durch eine Wellenfunktion beschrieben, die allerdings mit Wellen in unserem herkömmlichen Verständnis nichts zu tun hat. Vielmehr gibt sie nur die Wahrscheinlichkeit für den Zustand eines Teilchens an, so zum Beispiel, ob sich ein Teilchen an einem bestimmten Ort befindet, welchen Impuls, welchen Drehimpuls oder welche Energie es besitzt. Teilchen sind in ihren Zuständen nie genau lokalisierbar; Wellenfunktionen mehrerer Teilchen können sich überlagern. Dieses Superpositionsprinzip hat Konsequenzen für das Verständnis der Ergebnisse quantenmechanischer Experimente. Nehmen wir an, Ψ_1 wäre eine Lösung der Schrödinger-Gleichung, die die zeitliche Entwicklung der Wellenfunktion beschreibt, und Ψ_2 eine weitere Lösung, dann wäre auch $\Psi_3 = \Psi_1 + \Psi_2$, also die Summe der beiden Lösungen, eine Lösung, und auch alle Linearkombinationen, das heißt die Summen und mit reellen Zahlen multiplizierte Wellenfunktionen. Welche dann aber tatsächlich in einem System verwirklicht wurde, ist erst mal unbestimmt. Für die weitere Eingrenzung müssen noch mehr Bedingungen formuliert werden. Auf jeden Fall kommt es in der atomaren Welt so zu Ereignissen, die nur die Quantenmechanik anhand des Welle-Teilchen-Bildes von Licht und Materie erklären kann. Von diesen Effekten handelt unser Buch.

Die drei Gebote der Quantenmechanik

Kommen wir nun zu den drei Geboten, den Grundgesetzen der Quantenmechanik.

Das erste Gebot lautet: *Licht kann sich materieähnlich verhalten, und Materie kann sich lichtähnlich verhalten. Der*

Charakter von Strahlung und Materie ist beides, Welle und Teilchen. Welche Eigenschaft auftritt, hängt von den experimentellen Bedingungen ab.

Dieser Welle-Teilchen-Dualismus hat zur Folge, dass der Zustand eines Teilchens nur noch in Form von Wahrscheinlichkeiten angegeben werden kann. Dies gilt für solche Zustandsgrößen wie den Ort, den Impuls oder die Energie. Mathematisch wird eine Wellenfunktion benutzt, die angibt, mit welcher Wahrscheinlichkeit ein Teilchen einen bestimmten Ort oder Impuls oder eine bestimmte Energie annimmt. Aus dem Wahrscheinlichkeitscharakter der Wellenfunktion ergibt sich ein zweites grundlegendes Gebot der Quantenmechanik: die Heisenberg'sche Unbestimmtheitsrelation, die wir hier für Ort und Impuls angeben.

Das zweite Gebot lautet: *Es ist prinzipiell unmöglich, zur selben Zeit sowohl Ort als auch Impuls ganz genau zu kennen.*

Was bedeutet dieses Gebot? Die gleichzeitige exakte Messung von Teilchenorten und Teilchenimpulsen ist grundsätzlich unmöglich. Wenn durch Verfeinerung der Messmethoden der Ort eines Teilchens genauer bestimmt werden kann, wird die Unsicherheit in Bezug auf den Impuls größer (und umgekehrt). In der Welt der Atome ist die Messung eine nicht mehr vernachlässigbare Beeinflussung des gemessenen Objektes. Aber Vorsicht: Die Unbestimmtheit ist nicht nur durch die begrenzte Genauigkeit der Messgeräte bedingt, sondern auch auf grundsätzliche Weise mit dem Messprozess selbst verknüpft. Schließlich entspricht jede physikalische Wechselwirkung einem Messprozess. Bei jeder Wechselwirkung von Teilchen untereinander oder von Strahlung mit Teilchen nimmt die Natur eine Messung vor. Die Unbestimmtheitsrelation ist der Ausdruck für die Unmöglichkeit, in einem System eine

Messung vorzunehmen, ohne mit ihm in Wechselwirkung zu treten: Wechselwirkst du mit mir, wechselwirke ich mit dir!

Neben Ort, Impuls und Energie ist eine weitere Teilcheneigenschaft für unsere Zwecke von Bedeutung, denn erst die Angabe aller vier Größen beschreibt den Zustand eines Teilchens. Es geht um den Spin (englisch für Drehung oder Drall). Anschaulich wird er mit der Eigendrehung von Teilchen in Verbindung gebracht. Experimentell stellt man fest, dass es zwei Ausrichtungen für den Spin des Elektrons gibt, die mit –½ und +½ bezeichnet werden.

In den Jahren 1925/26 postulierte Wolfgang Pauli, zunächst nur durch intuitives Herumprobieren, seine berühmte Ausschlussregel, die er später für alle Teilchen mit halbzahligem Spin mathematisch ableiten konnte.

Das dritte Gebot lautet: *Zwei Elektronen können sich unter keinen Umständen im selben physikalischen Zustand befinden, der durch ihre Energie, ihren Ort, ihren Impuls und die Ausrichtung ihrer Spins gekennzeichnet ist.*

Das Pauli-Prinzip gilt für alle Teilchen, aus denen die uns umgebende Materie aufgebaut ist. Es beschreibt erfolgreich den Aufbau des Periodensystems der Elemente, die Eigenschaften der chemischen Elemente, ihre Bindungsfähigkeit und die Spektrallinien der Atome. Seine Bedeutung reicht aber noch viel tiefer, denn da nach der Pauli-Regel ein Teilchen nicht dort sein kann, wo sich bereits ein anderes Teilchen aufhält, erklärt sie die Stabilität und Undurchdringlichkeit der Materie. Etwas flapsig formuliert, könnte man auch sagen: Pauli erklärt, warum man nicht mit dem Kopf durch die Wand kann.

Erste Schlussfolgerungen

Es ist völlig offensichtlich, dass eine abstrakte mathematische Theorie wie die Quantenmechanik in unserer Alltagssprache nur unter großen Verrenkungen ausgedrückt und erklärt werden kann. Wir wollen aber trotzdem versuchen, anhand der drei Gebote die wichtigsten Grundzüge dieser so enorm einflussreichen physikalischen Beschreibung der elementaren Bausteine der Materie und ihrer Wechselwirkungen untereinander und mit elektromagnetischer Strahlung richtig zu erklären.

Dazu kommen wir zunächst noch einmal auf diese drei Gebote zurück. Sie sind ja offenbar nach physikalischen Gesichtspunkten völlig richtig, denn es existiert kein Experiment, das ihren Aussagen widerspricht. Sie sind der Hintergrund für den inzwischen seit 100 Jahren andauernden Erfolg und die große Bedeutung der Quantenmechanik für die Physik als Grundlage aller Naturwissenschaften und unsere alltägliche Nutzung ihrer technischen Umsetzungen.

Wir greifen hier schon mal vor und verraten ja auch kein Geheimnis, wenn wir zum dritten Mal feststellen, dass die Gebote der Quantenmechanik in allen Varianten, Formen, Formulierungen und vor allem allen Vorhersagen und Prognosen experimentell bestätigt wurden. Da sich unser kleines Buch aber vor allem an interessierte Laien richtet – mit anderen Worten: Wir wollen erklären und motivieren –, verraten wir zunächst einmal nichts über die ganz konkreten Ergebnisse und Experimente. Die kommen in den einzelnen Kapiteln später dran.

Vielmehr ziehen wir, ohne mathematische Formeln zu benutzen, zunächst einmal grundsätzliche Konsequenzen, die sich aus den Geboten ergeben. Schauen wir uns zum Beispiel die Kombination aller drei Gebote an. Sie legen Eigenschaften von Teilchen und Strahlung fest und auch die Art und Weise, wie wir von diesen Eigenschaften erfahren.

Erstens können wir ohne speziellen experimentellen Aufbau nichts über die Wellen- oder Teilchencharakter der quantenmechanischen Objekte erfahren. Wenn wir nach Teilcheneigenschaften suchen, finden wir sie. Genauso entdecken wir Welleneigenschaften nur mit den entsprechenden Experimenten.

Zweitens können wir gleichzeitig nicht genau wissen wo sich das Objekt befindet und welchen Impuls es hat. Aber die beiden Größen Ort und Impuls sind miteinander verbunden, allerdings nicht exakt, es bleibt immer eine Unbestimmtheit.

Drittens zwingt das dritte Gebot die quantenmechanischen Objekte in eine jeweils unterschiedliche Kombination von Eigenschaften, sie müssen sich in eindeutiger Weise voneinander unterscheiden.

Aus den Geboten ergibt sich ein Gesamtbild, aber kein genaues Bild der Zusammensetzung des Ganzen. Alle drei Gebote liefern damit das, was man eine Korrelation nennt. In diesem Begriff spiegelt sich die statistische Natur der Quantenmechanik, sie macht nie Vorhersagen über ein einzelnes Ereignis, sondern immer über mindestens zwei.

Die Bedeutung des Begriffs »Korrelation« findet sich im Lexikon, auch bei Wikipedia. Dort steht: Eine Korrelation ist eine Beziehung zwischen zwei oder mehreren Merkmalen, Ereignissen, Zuständen oder Funktionen. Und jetzt bitte genau lesen: Das eine steht in Beziehung zum anderen, bedingt es aber nicht zwingend.

In den quantitativen, also zählenden und rechnenden Wissenschaftsbereichen wird Korrelation eben vor allem statistisch verwendet. Zwei oder mehrere Ereignisse, Eigenschaften oder Dinge werden per Wahrnehmung und Messung erfahrungsgemäß aufeinander bezogen. Hieraus ergibt sich ein bestimmter Messwert. Man könnte zum Beispiel den Rückgang der Storchenpopulation in einem Landkreis mit dem Rückgang der Zahl neugeborener Kinder im selben Gebiet korrelieren. Das eine als Bedingung des anderen darzustellen, erlauben sich aber nur Spaßvögel. Oft aber sind scheinbar zusammenhanglose Korrelationen Hinweise auf darunterliegende kausale Verbindungen. Zum Beispiel Übergewicht und Lebenserwartung. Natürlich bedeutet Übergewicht nicht automatisch, also zwingend, eine geringere Lebenserwartung. Allerdings steigt das Risiko, früher an Herz-Kreislauf-Erkrankungen zu sterben, mit zunehmendem Körpergewicht. Es ist korreliert, aber nicht kausal.

Kausalität hingegen stellt die Beziehung zwischen *Ursache* und *Wirkung* oder Aktion und Reaktion dar, sie betrifft also, wie im entsprechenden Wikipedia-Artikel definiert, die »Abfolge von Ereignissen und Zuständen, die aufeinander bezogen sind«. Das eine verursacht das andere.

Wir ziehen an dieser Stelle eine wichtige Schlussfolgerung, um Missverständnisse bei der Deutung der Ergebnisse quantenmechanischer Experimente zu vermeiden: Die Quantenmechanik liefert immer nur Vorhersagen über Korrelationen, nie über Ursache-Wirkungs-Ketten, also Kausalität. Man könnte auch sagen, sie ist beschränkt aussagefähig, indem sie immer nur Gesamtzustände beschreibt, die aus einzelnen, der Messung nicht zugänglichen Einzelzuständen zusammengesetzt sind. Es bleibt immer ein Grad an Unbestimmtheit, der erst durch die tatsächliche Messung entschieden wird. Durch die Messungen wird immer nur der jeweilige Einzelzustand festgestellt, eine Wirkung zwischen den Einzelzuständen gibt es nicht. Informationen über das jeweilige einzelne Ergebnis können nach der Messung maximal mit Lichtgeschwindigkeit übertragen werden. Damit ist lokale Kausalität garantiert, es gibt keine »spukhaften Fernwirkungen«, sondern nur nicht lokale Korrelationen.

Nehmen wir als Beispiel ein zusammengesetztes physikalisches System, zum Beispiel ein Paar von Elektronen. Diese beiden Teilchen nehmen nur als Paar einen wohldefinierten Zustand ein. Das zweite und das dritte Gebot liefern hier die Antwort: Hat ein Elektron den Spin +½, dann muss das andere Elektron den Spin –½ besitzen und umgekehrt. Wird im Experiment ein solches Elektronenpaar »präpariert«, dann haben wir nur die Kenntnis, dass das eine so und das andere so ausgerichtet sein muss. Dem einzelnen Elektron lässt sich zunächst kein eigener wohldefinierter Zustand zuordnen. Aber man kann durch eine Messanordnung den Zustand der Elektronen identifizieren: Ein äußeres Magnetfeld beispielsweise richtet die beiden Elektronen in ihrem Spin aus. Gemäß der Vorbereitung hätte ein Elektron dann Spin in Richtung des Magnetfeldes (hier mit +½), das andere in entgegengesetzter Richtung (hier –½). Solange die beiden Elektronen aber nicht voneinander getrennt sind, kann man nicht wissen, welches der beiden Elektronen welche Eigenschaft besitzt, das bleibt für immer unbestimmt (dies liefert das zweite Gebot). Die genaue Kenntnis über den Einzelzustand ergibt sich erst durch getrennte Messungen. Also wenn sie getrennt sind.

Die wirkliche Überraschung aber ist: Wenn man den Spin eines Elektrons gemessen hat, ist die Ausrichtung des anderen Elektrons festgelegt. Automatisch! Das ist paradox und wurde von Albert Einstein und zwei Kollegen auch als Paradoxon bezeichnet, denn es scheint, dass die Messung an einem Teilchen einen Einfluss auf das Messergebnis des anderen Teilchens hat, ohne dass die beiden in kausalem Kontakt gestanden haben können. Diese Interpretation aber ist falsch, denn das Einzige, was feststeht, ist der Gesamtzustand, die Einzelzustände sind unbestimmt.

Aufgrund der Mischung aus prinzipieller Unbestimmtheit und klarer Bestimmtheit der Kombination von Eigenschaften in der Korrelation bestimmt diese Quantenverschränkung immer den Gesamtzustand eines zusammengesetzten Systems. Die Teilsysteme sind nicht separiert.

Dies gilt sogar dann, wenn man die Teilsysteme räumlich trennt und sie unabhängig voneinander misst. Immer ist die jeweilige Eigenschaft mit der anderen direkt und ohne Zeitverzögerung verbunden. Nach unseren alltäglichen Maßstäben ist das völlig verrückt, denn woher weiß denn das eine Elektron von der Messung des anderen? Aber diese Frage ist eben in quantenmechanisch präparierten Systemen sinnfrei. Warum?

Weil die Verschränkung eine Konsequenz der grundlegend unbestimmten Überlagerung der Zustände ist: Die Teilzustände sind unbestimmt (erstes Gebot), auch dann, wenn die Teile räumlich getrennt sind. Der Gesamtzustand des verschränkten Systems ist nicht lokalisiert, sondern erstreckt sich über das gesamte, räumlich verteilte System.

Weil die Quantentheorie immer nicht messbare Unbestimmtheiten enthält, wird sie Vorhersagen immer nur als Kombination von Wahrscheinlichkeiten angeben. Deshalb dachte man auch zunächst, dass die Verschränkung eine rein statistische Korrelation sei. Man hat sie nicht weiter ernst genommen.

Pioniere der Physik wie Einstein und Schrödinger haben ihre wahre Bedeutung sogar fehlinterpretiert. Man dachte, es gebe noch eine weitere, »hinter« der Quantenmechanik verborgene Wirklichkeit. Es zeigte sich aber in der Mitte des 20. Jahrhunderts, dass es weder »spukhafter Fernwirkungen« (Einstein) noch verborgener physikalischer Größen bedarf, um die Verschränkung von Quantenzuständen zu verstehen. Es zeigt sich vielmehr, dass unsere »normale« Vorstellung von Wirklichkeit, die nur lokale Wechselwirkungen kennt, nicht auf die Korrelationen zwischen Quantenobjekten anwendbar ist. Die Quantenwelt ist nicht lokal miteinander verbunden.

Ebenfalls zu Beginn der Entwicklung der Quantentheorie dachte man, die Verschränkungseigenschaft gelte nur für mikroskopische Systeme wie Atome und deren Bausteine. Aber in jüngerer Zeit wurde diese von der Kombination der quantenmechanischen Gebote vorhergesagte Verschränkung auch über Entfernungen direkt nachgewiesen, die mit bloßem Auge sichtbar sind. Diese Entdeckungen wurden 2022 mit dem Nobelpreis für Physik gewürdigt.

Inzwischen ist längst offensichtlich, dass die Verschränkung von Quantenzuständen sogar technisch genutzt werden kann. Die Stichworte hierfür lauten Quantenkommunikation, Quantencomputer und Quantenkryptographie. Davon am Ende des Buches mehr. Aber hier schon mal eine erste Bemerkung dazu: Zwar sind verschränkte Systeme auch über große räumliche Entfernungen miteinander verbunden, aber dabei kann keine Information über die jeweilige Messung des anderen übertragen werden, sodass die Bedingung von zunächst Ursache und danach Wirkung, die Kausalität, nicht verletzt ist. Die Korrelationen sind keine Kausalitäten, deshalb ist die Relativitätstheorie nicht verletzt, denn Letztere betrachtet nur kausale Zusammenhänge. Quantenmechanische Messungen erzeugen immer nur Korrelationen, weil sie eben immer nur Schätzungen von

Wahrscheinlichkeiten im Rahmen der Unbestimmtheit sind, sie sind deshalb nie streng kausal. Und das ist keine Frage der Statistik oder Messgenauigkeit, sondern grundsätzlich und unter keinen Umständen zu überwinden, auszuschalten oder zu beheben.

Deshalb können Informationen durch Verschränkung allein nicht übertragen werden, wohl aber mit mehreren verschränkten Zuständen zusammen mit einem klassischen Informationskanal. Aber nach wie vor werden auch in der Quantenmechanik keine Informationen schneller als mit Lichtgeschwindigkeit übertragen.

Halten wir fest: Mit drei Geboten lässt sich durch die Welt der Quanten hervorragend navigieren. Sie machen eindeutige Vorhersagen im Rahmen der Wahrscheinlichkeitsinterpretationen und erfüllen damit die Forderungen an eine empirische Theorie, dass sie nämlich durch Experimente und Beobachtungen getestet werden kann. Mithilfe der drei Gebote, so werden wir in jedem folgenden Kapitel zeigen, kann man alle hervorragend bestätigten Vorhersagen der Quantenmechanik verstehen. Mit anderen Worten: drei Gebote, drei Treffer – es gilt auch heute noch in der Quantenmechanik: Der Erfolg heiligt die Mittel.

Die Sonne

Die Sonne ist die Grundlage unseres Lebens, denn sie ist die Energieversorgung für die Erde. Sie ist ein riesiger, glühend heißer Gasball. Die Temperatur an der Oberfläche beträgt knapp 6000 Grad, und sie leuchtet wie ein glühendes Metall. Doch woher kommt die Energie, um einen Gasball von circa 1,4 Millionen Kilometer Durchmesser (das ist in etwa 110-mal der Erddurchmesser) so stark zu erhitzen, dass die äußere Hülle noch so heiß ist?

Die Sonne entstand aus einer Gaswolke, die so schwer war, dass sie unter ihrem eigenen Gewicht in sich zusammenfiel. Dieser Kollaps führte dazu, dass die Dichte im Zentrum der Wolke immer weiter stieg. Durch die Schwerkraft erhitzte sich das Zentrum und formte ein heißes Gas, aus dem die Sonne entstand. Der einige Millionen Grad heiße Kern setzte eine so große Energie frei, dass er in der Lage war, den weiteren Kollaps der Sonne zu verhindern. Seitdem ist die Sonne stabil, sie befindet sich in einem Gleichgewicht aus Druck und Gravitation. Wie der Kern diese Energie abstrahlen kann, gab der Menschheit lange Zeit Rätsel auf. Erst die Quantenmechanik brachte die Lösung.

Im Sonneninneren spielen die Atomkerne die wichtigste Rolle bei der Energiegewinnung. Der einfachste Kern, der des Wasserstoffatoms, besteht lediglich aus einem einzelnen Proton. Will man die Existenz größerer Kerne erklären, muss man sich zuerst mit dem Konzept der Kernkraft beschäftigen. Da Protonen positiv geladen sind, stoßen sie sich gegenseitig ab, wie gleichnamige Ladungen es immer aufgrund der elektromagnetischen Kraft tun. Hier kommen die ungeladenen Neutronen ins Spiel. Zwischen den Kernbausteinen, also Protonen und Neutronen, wirkt die sogenannte starke Wechselwirkung, auch starke Kraft oder Kernkraft genannt. Dies ist eine sehr kurzreichweitige Kraft, die dafür sorgt, dass Kerne,

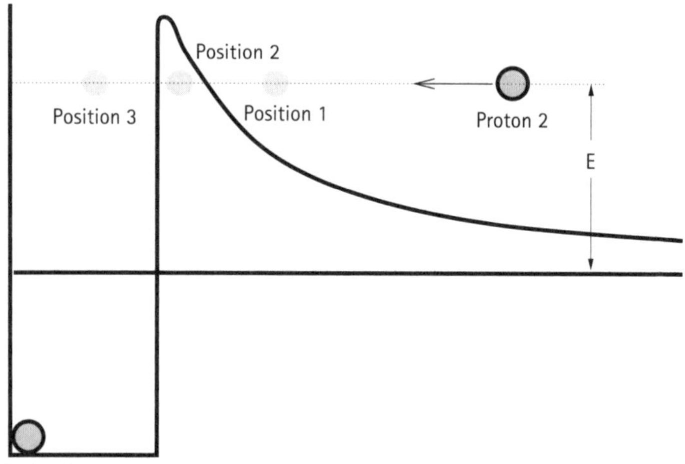

Abbildung 1: Schematische Darstellung eines Potentialtopfs. Aufgetragen ist die Energie in Abhängigkeit der Entfernung zum Zentrum. Das erste Proton ist im Zentrum, es bildet den Potentialtopf. Ein zweites Proton mit der Energie E, das auf den Potentialtopf zufliegt, kann offensichtlich die Barriere nicht klassisch überqueren. Quantenmechanisch hält es sich jedoch mit einer gewissen Wahrscheinlichkeit an den drei schematisch gezeichneten Positionen auf und kann so in den Kern gelangen.

auch wenn sie mehrere Protonen enthalten, dennoch stabil sind, solange genug Neutronen in diesem Kern sind. Dann überwiegen nämlich die Kernkräfte zwischen den einzelnen Kernbausteinen gegenüber der elektrischen Abstoßungskraft zwischen den Protonen. Mit diesem Konzept kann man den Aufbau der Atomkerne verstehen. Nach dem einfachen Wasserstoff folgt als nächster stabiler Kern Helium (zwei Protonen, zwei Neutronen). Stabil bedeutet hier lediglich, dass dieser Kern nicht zerfällt.

Man kann sich einen Atomkern als einen Talkessel vorstellen, umgeben von hohen Bergen. Steigt ein Bergsteiger hinab in den Talkessel, so verliert er an Höhe. Hat er nach einer anstrengenden Tour die Talsohle erreicht, so bleibt er erst einmal dort, dies kostet ihn keine weitere Kraft oder Energie. Ähnlich verhalten sich die Protonen und Neutronen. Auf ihrem Weg in den Kern verlieren sie Energie. Diesen Energieunterschied zwischen Berg und Tal geben sie in Form von Strahlung an ihre Umgebung ab. Sind sie dann im Kern, bleiben sie erst einmal dort. Die Abgabe von Energie auf dem Weg in den Kern ist genau der gesuchte Mechanismus, der Energie im Sonneninneren erzeugt.

Nun stellt sich die Frage, warum zwei Protonen (Neutronen liegen nicht frei vor) trotz der abstoßenden elektrischen Kraft einander so nahe kommen können, dass sie einen neuen Kern unter dem Einfluss der Kernkraft bilden. Ein Atomkern entsteht durch das Zusammenspiel von elektrischer und starker Kraft oder Kernkraft. Während im Inneren die starke Kraft deutlich dominiert, überwiegt ab einem gewissen Abstand die elektrische Kraft. Betrachtet man das Ganze energetisch, so erhält man einen sogenannten Potentialtopf (Abbildung 1). Wie der Bergsteiger müssen die Protonen zunächst den Anstieg, der durch die abstoßende elektrische oder Coulombkraft verursacht wird, überwinden, um dann in den Talkessel, also den Kern, zu gelangen, wo sie vorerst bleiben. Doch wie überwinden diese Protonen den Berg, den sogenannten Coulombwall? Ganz einfach: mit Schwung. Bei einer Steigung hängt es vom Schwung ab, wie weit man hinaufkommt. Sind die Protonen schnell genug, so kommen sie über den Berg der elektrischen Abstoßung, sind sie zu langsam, so rollen sie wieder zurück.

Wie bei allen Teilchen hängt auch die Geschwindigkeit der Protonen von ihrer Temperatur, also der Temperatur des Sonneninneren, ab. Jedoch tritt hier ein wichtiges Problem auf: Damit die schnellsten Protonen es über den Wall schaffen, müsste die Sonne mindestens 1000-mal heißer sein, als sie ist. Dies wäre natürlich katastrophal für alles Leben auf der Erde.

Die Rettung bietet hier die Quantenmechanik, genauer gesagt der Tunneleffekt. Aufgrund der Quantenmechanik ist es den Protonen möglich, in die Mitte zu gelangen, ohne den Berg zu überwinden. Anschaulich spricht man vom Tunneleffekt, er fußt auf dem Wellencharakter der materiellen Teilchen.

Zur Erinnerung: Aufgrund der Unschärferelation steht nicht exakt fest, wo sich ein Teilchen befindet. Dies gilt natürlich auch für das Proton. Man kann also nur eine Wahrscheinlichkeit angeben, wo es sein könnte. Diese Wahrscheinlichkeit wird in der Physik durch die Wellenfunktion angegeben. Ähnlich wie man die Musik eines Nachbarn etwas leiser hört als er selbst, so nimmt auch die Stärke einer Welle an Hindernissen wie einer Wand ab. So sind beispielsweise im Zimmer des Nachbarn 80 % der Originallautstärke zu hören, ein Zimmer weiter, im zweiten Zimmer, noch 19 % und im dritten Zimmer nur noch 1 %. Die Protonenwelle verhält sich vor dem Coulombwall genauso. Das Proton befindet sich also zu 80 % vor dem Wall in Zimmer 1, zu 19 % in Zimmer 2 und zu 1 % dahinter, in Zimmer 3.

Aber das Proton ist doch nicht nur Welle, sondern gleichzeitig *ein* Teilchen, es kann sich nicht dreiteilen? Tut es auch nicht, man weiß nur nicht, wo es ist. Dies ist in der Tat schwer zu akzeptieren. So wie man bei einem Würfel nicht sagen kann, ob eine Eins oder eine Sechs fällt, so kann man auch nicht sagen, wo das Proton ist. Die Wahrscheinlichkeit hilft jedoch weiter. Nimmt man 100 Protonen, so sind ca. 80 in Zimmer 1, 19 in Zimmer 2 und eines in Zimmer 3. Das eine in Zimmer 3 ist nun das Entscheidende. Alle anderen Protonen kommen nicht weit genug, sie haben nicht genug Energie, um den Wall zu überwinden, und prallen ab. Ins Zimmer 3, in den Potentialtopf, hat es ein einziges Proton geschafft. Aufgrund der Kernkraft bleibt es dort – die Fusion mit dem das Potential bildenden Proton ist gelungen!

In der Sonne ist die Wahrscheinlichkeit, dass eine Fusion auftritt, zwar viel kleiner als 1 %, aber sie ist nicht null. Anders ausgedrückt: Schickt man eine Trillion Protonen aufeinander, so prallen zwar fast alle aneinander ab, aber ein oder zwei werden es schaffen zu verschmelzen. Eine Verschmelzung oder Fusion bei einer Trilliarde Versuchen klingt nach sehr wenig, allerdings darf man nicht vergessen, dass die Sonne aus sehr vielen Atomen beziehungsweise Atomkernen (10^{57}) besteht. Um diese Zahlen in Relation zu setzen: Die Wahrscheinlichkeit einer Fusion ist so gering, dass die Sonne schon seit fünf Milliarden Jahren brennt und trotzdem noch Brennstoff für weitere fünf Milliarden Jahre hat. Trotzdem verbrennt sie die unglaublich wirkende Zahl von 700 Millionen Tonnen Wasserstoff pro Sekunde.

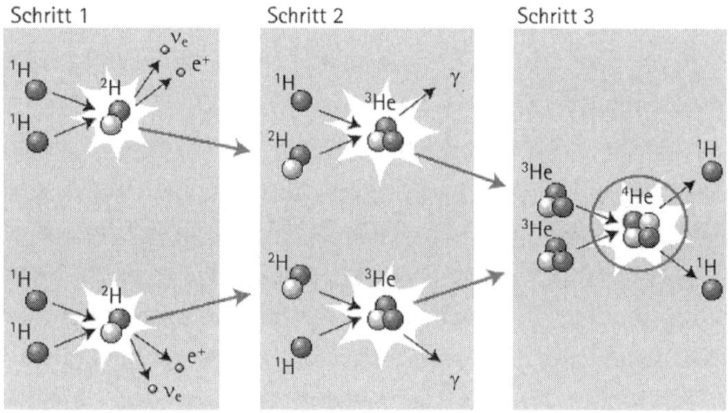

Abbildung 2: Ein kurzer Überblick des wichtigsten Fusionsprozesses in der Sonne. Nach der ersten hier behandelten Verschmelzung von zwei Protonen folgen weitere Schritte, die im Prinzip genauso funktionieren. Der erste Prozess ist jedoch der wichtigste, seine Wahrscheinlichkeit dominiert die Fusionsrate der Sonne. Während dieser Prozesse wird die Energie mittels Positronen (e+) und Gammastrahlung (γ) abgegeben und die Sonne somit geheizt. Die Neutrinos (ν_e) sind viel zu leicht, um wechselzuwirken, sie verlassen die Sonne ungehindert und transportieren somit einen Teil der Energie weg.

Nach der beschriebenen Verschmelzung von zwei Protonen wird über weitere Fusionen aus dem Wasserstoff Helium erzeugt, wie in Abbildung 2 illustriert. Insgesamt werden pro Sekunde aus 700 Millionen Tonnen Wasserstoff 695 Millionen Tonnen Helium. Die fünf Millionen Tonnen Unterschied entsprechen einer Energie von 400 Quadrillionen Watt, die pro Sekunde im Sonneninneren in Form von Strahlung freigesetzt werden. Diese Energie dient teils dazu, die Temperatur im Kern zu erhalten, teils wird sie schrittweise in der Sonne nach außen transportiert, sorgt für eine Temperatur von knapp 6000 Grad an der Oberfläche und ist dafür verantwortlich, dass die Sonne leuchtet.

Photosynthese – wie kommt das Licht in die Pflanze?

Alles, was geschieht, benötigt Energie. Das gilt insbesondere für alles, was lebt. Leben ist ein Prozess, der Energie umsetzt und der ohne Nachschub nicht aufrechterhalten werden kann. Da Energie nicht neu erzeugt werden kann, muss sie ständig über die Nahrung aufgenommen werden. Allein um die Funktion eines menschlichen Körpers bei Ruhe aufrechtzuerhalten, müssen erwachsene Frauen und Männer täglich etwa 1500 beziehungsweise 1700 Kilokalorien zu sich nehmen. Energie aus Nahrung wie Brot oder Schokolade wird aufgenommen und beispielsweise dazu verwendet, ein Molekül namens Adenosintriphosphat, kurz ATP, aufzubauen. ATP ist so etwas wie der universelle Treibstoff in der Zelle, die Energiewährung, mit der energieaufwendige chemische Reaktionen »bezahlt« werden. Was aber hat das mit der Photosynthese zu tun?

Energie wird von Menschen und Tieren über die Nahrung aufgenommen. Folgt man der Nahrungskette abwärts, landet man recht schnell bei pflanzlicher Nahrung, denn auch die Energie eines Steaks ist der Weide zu verdanken, auf der das Rind einst graste. Da ein Lebewesen, das ein anderes frisst, nur etwa 10 bis 20 % von dessen Energie aufnehmen kann, sind Nahrungsketten selten länger als vier Glieder. Menschen und Tiere haben keine andere Wahl, als ihren Energiebedarf durch Nahrungsaufnahme zu decken. Wie aber machen das die Pflanzen? Sie bekommen ihre Energie gratis von der Sonne geliefert, denn sie sind in der Lage, in einem Prozess, der Photosynthese genannt wird, Lichtenergie aufzunehmen und zu speichern.

Von der Energie, die von der Sonne abgestrahlt wird, erreichen jeden Tag durchschnittlich 17 Megajoule pro Quadratmeter die Erde. Da die Querschnittsfläche der Erde ca. 127 Millionen Quadratkilometer beträgt, müssten umgerechnet etwa 250 Billionen 100-Watt-Glühbirnen leuchten, um mit der Sonne mithalten zu können – von der Strahlung, die nicht auf die Erde trifft, ganz abgesehen. Zum Vorteil aller Lebewesen wird in Pflanzen die Lichtenergie dazu verwendet, um aus Kohlendioxid und Wasser Zucker und Sauerstoff zu produzieren:

$$6\ CO_2 + 12\ H_2O \text{ -> } C_6H_{12}O_6 + 6\ H_2O + 6\ O_2$$

Dabei wird die überschüssige Energie von 2868 kJ pro Vorgang letztlich als ATP gespeichert. Ganz nebenbei werden so weltweit jährlich 100 Milliarden Tonnen Kohlendioxid gebunden, was den Treibhauseffekt mindert und Grundlage dafür ist, dass aus den fossilen Überresten von Pflanzen Erdöl entstanden ist. Die Photosynthese liefert also Sauerstoff, Nahrung und Treibstoff. Wie aber schafft sie, was wir mit Solarzellen nachzuahmen versuchen? Wie kommt das Licht in die Pflanze?

Hier kommt die Quantenphysik ins Spiel. Licht ist elektromagnetische Strahlung, breitet sich als solche wellenförmig aus und transportiert dabei Energie. Das kann man daran sehen, dass etwas Schwarzes im Sonnenlicht warm wird, weil schwarze Materialien das Licht absorbieren und in Wärme umwandeln. Wärme lässt sich schlecht speichern und wird schnell an die Umgebung abgegeben. Soll die Energie hingegen gespeichert werden, sind spezielle absorbierende Stoffe nötig. Bei den Pflanzen bewerkstelligen dieses Kunststück zahlreiche Chlorophyll-Moleküle in den Blättern. Gemäß der Quantenmechanik hat Licht aber auch Teilchencharakter, was sich darin äußert, dass Energie nur in ganz bestimmten Portionen, den Quanten, übertragen wird. Diese Quanten heißen im Falle von Lichtteilchen Photonen, und die Energiemenge, die sie transportieren, hängt davon ab, welche Farbe das Licht hat. So sind zum Beispiel »grüne Photonen« energiereicher als »rote Photonen«.

Das weiße Licht der Sonne enthält alle Farben relativ gleichmäßig verteilt. Wird etwas Farbiges davon beleuchtet, so wird ein bestimmter Teil absorbiert; die Farbe der übrigen Strahlung wird dann von unseren Augen wahrgenommen. Dass die chlorophyllhaltigen Blätter der Pflanzen grün sind, verrät bereits, dass Chlorophyll die roten und blauen Anteile des Lichts absorbiert. Aber wie kann ein Molekül überhaupt Photonen aufnehmen und warum nur solche bestimmter Farbe? Dazu müssen wir betrachten, wie ein Molekül aufgebaut ist.

Ein Molekül ist ein Verbund aus Atomen. Jedes Atom ist von Elektronen umgeben, die sich in ganz bestimmten Aufenthaltsbereichen befinden, den sogenannten Orbitalen. Gemäß der Quantenmechanik nämlich wird die Wellenfunktion eines Elektrons, die ja dessen Aufenthaltswahrscheinlichkeit beschreibt, nur durch ganz bestimmte Energiewerte gelöst; andere Energiezustände können also vom Elektron nicht eingenommen werden. In jedem möglichen Energiezustand – also in jedem Orbital – dürfen sich gemäß dem Pauli-Prinzip nur zwei Elektronen (mit unterschiedlichem Spin) befinden.

Einzelne Atome nun können Energie dadurch aufnehmen, dass eines ihrer Elektronen einen energetisch höheren Zustand einnimmt, also in ein Orbital übergeht, das einer größeren Energie entspricht. Da quantenmechanisch Energie immer nur ganz oder gar nicht abgegeben wird, können dabei nur genau solche Energiemengen aufgenommen werden, die der Energiedifferenz zwischen zwei Orbitalen entsprechen.

Sind mehrere Atome zu einem Molekül verbunden, dann gibt es Elektronen, die nicht mehr einfach nur zu einem Atom gehören; denn durch die Nähe der Atome zueinander ergeben sich Molekülorbitale, die beispielsweise zwei benachbarte Atome umgeben und so die Bindung stabilisieren. Die verbundenen Orbitale einer Einfachbindung heißen σ-(Sigma-) Orbitale, bei Doppelbindungen kommen die π-(Pi-)Orbitale hinzu. Einen besonderen Fall von Molekülorbitalen stellen die sogenannten Systeme konjugierter Doppelbindungen dar, bei denen sich entlang des Moleküls Einfach- und Doppelbindungen abwechseln. In einem solchen System verbinden sich π-Orbitale zu großen Orbitalen, die wie Schläuche die ganze Reihe der konjugierten Doppelbindungen umschließen.

Wie schon bei den Atomen gibt es gemäß der Quantenmechanik auch hier Orbitale nur zu ganz bestimmten Energien. Dabei hängen die möglichen Energieniveaus von der Länge des Systems ab. Das ist vergleichbar mit der Saite eines Instruments: Der Grundton hängt von ihrer Länge ab; zu jedem Grundton können aber auch seine Obertöne angeregt werden. Nur wenn die Energiedifferenz zwischen einem Niveau, das von einem Elektron besetzt ist, und einem anderen, in dem noch ein Platz frei ist, genau der Energie eines einfallenden Photons entspricht, kann dessen Energie vom Elektron aufgenommen werden.

Im Laufe der Evolution hat die Natur mit dem Chlorophyll und dessen ausgeprägtem, kreisförmig geschlossenem System konjugierter Doppelbindungen ein an die Gesetze der Quantenmechanik nahezu perfekt angepasstes Molekül geschaffen, das in der Lage ist, gerade solche Energiemengen zu absorbieren, wie sie sichtbares Licht aufweist, vor allem Licht der Farben Rot und Blau (die grünen Anteile werden reflektiert). Mit der Aufnahme der Energie ist diese erst einmal gespeichert.

Die Photosynthese umfasst zwar noch vieles mehr, und es wäre der Vollständigkeit halber sicher angebracht, zu beschreiben, auf welche Weise die Energie weitergeleitet und schließlich dazu genutzt wird, Wasser in Sauerstoff, Protonen und Elektronen zu zerlegen, sodass die Protonen und Elektronen die ATP-Produktion antreiben können. Grundlegend für all diese Prozesse der Photosynthese jedoch ist der hier beschriebene quantenmechanische Vorgang: derjenige nämlich, durch den das Licht in die Pflanze kommt.

Das Auge – warum die Welt nicht dunkel ist

Quantenmechanik ist die Grundlage vieler technischer Anwendungen. Doch welche Bedeutung hat sie für den Menschen selbst? Generell weist man die naturwissenschaftliche Beschreibung des Menschen, sowie jedes anderen Lebewesens, der Biologie und der Chemie zu, jedoch nie der Physik. Sieht man jedoch genau hin, so muss man sich eingestehen, dass all diese Naturwissenschaften auf Quantenmechanik basieren. Der Aufbau und das Zusammenspiel von Atomen und Molekülen wird nur durch die Quantenmechanik korrekt beschrieben.

Ist die Quantenmechanik also wichtiger, als wir dachten, für den Menschen als lebenden Organismus? Wären wir beispielsweise ohne sie in der Lage zu sehen? Das Auge ist mit 130 Millionen Sinneszellen das mit Abstand am zahlreichsten besetzte Sinnesorgan des Menschen. Doch dass unser »Spiegel der Seele« ein quantenmechanischer ist, ist zunächst schwer zu glauben. Tatsächlich ist die Welt für uns nicht dunkel, da das Auge in der Lage ist, Licht zu absorbieren. Dieser fundamentale Prozess des Sehens lässt sich nur durch die Quantenmechanik verstehen.

Jeder Gegenstand sendet Licht verschiedener Wellenlänge oder Frequenz aus und hat daher eine bestimmte Farbe.

Schwarze Dinge absorbieren jegliches sichtbare Licht, was auf sie fällt, und geben nichts zurück. Sehen wir ein Objekt an, so wird das abgestrahlte Licht von der schwarzen Pupille aufgenommen und durch die Linse in unserem Auge auf die Netzhaut oder Retina fokussiert. Doch wie kommt das Licht nun in unseren Kopf? Um diese Frage zu klären, muss man zunächst genauer verstehen, was Licht eigentlich ist. Meist wird Licht als Strahl angesehen, manchmal auch als Welle, jedoch intuitiverweise nie als ein Haufen kleiner Teilchen. Umso überraschender und bedeutsamer war die Entdeckung des Photoeffekts, denn mit ihm war der Beweis erbracht, dass die Beschreibung von Licht als kontinuierlicher Welle nicht vollständig sein kann. Die Energie des Lichts ist gequantelt in kleine Pakete, die bereits erwähnten Photonen. Jedes Photon trägt eine bestimmte Energie, die wiederum einer bestimmten Farbe entspricht. Es kann genau mit einem einzelnen Elektron eines Atoms wechselwirken und es dadurch von seinem Atom befreien beziehungsweise herausschlagen, falls die Energie des Photons eine bestimmte Schwellenenergie überschreitet. Jedoch werden in unserem Auge nicht ständig Elektronen herausgeschlagen, denn das Auge ginge dann kaputt! Vielmehr werden wir sehen, dass das Elektron in der Wechselwirkung die Rolle eines Sensors für die Energie des einfallenden Photons einnimmt, indem das Photon seine Energie vollständig an das Elektron abgibt und somit die Energie des Elektrons um einen kleinen Bruchteil erhöht wird. Es gibt also eine bestimmte Art der Lichtabsorption, die es dem Auge ermöglicht, zwischen nur wenige Milliardstel Meter unterschiedlichen Wellenlängen des einfallenden Photons zu unterscheiden. Um diesen hochauflösenden Prozess zu verstehen, muss man sich genauer mit der Struktur und den Energiezuständen der Atome und Moleküle befassen.

James Franck (1882–1964) und Gustav Hertz (1887–1975) konnten als Erste beobachten, dass die Elektronen, die in einer Atom-/Molekülhülle herumschwirren, nur bestimmte, diskrete Energiewerte besitzen, und wurden dafür 1925 mit dem Nobelpreis geehrt. Anschaulich kann man diesen Effekt mithilfe des Welle-Teilchen-Dualismus verstehen, indem man einem bestimmten Elektron im Atom eine Welle zuordnet. Im einfachsten Fall kreist das Teilchen »Elektron« auf einer geschlossenen Bahn um den Atomkern. Aus der Geschlossenheit der Bahn folgt jedoch sofort eine Bedingung für die Elektronenwelle: Startet diese an einem beliebigen Punkt A der Kreisbahn mit einem Wellenberg, so muss sie nach einem Umlauf wieder mit einem Wellenberg im Punkt A enden. Wäre dies nicht der Fall, so hätte die Elektronenwelle in A einen Sprung oder Bruch, anstatt kontinuierlich fortzulaufen. Nur Elektronenwellenlängen/-frequenzen und somit auch Energien, die in die Abmessungen des Systems passen, sind also erlaubt und stabil! Die passenden Schwingungen nennt man Eigenschwingungen des Systems. Da die Wellenlänge/Frequenz die Energie des Elektrons eindeutig festlegt, sind folglich nur bestimmte diskrete Energiewerte erlaubt.

Um die erlaubten Energiezustände in einem Molekül – also einem Verbund von mehreren Atomen – zu berechnen, ist es essenziell zu verstehen, dass die äußeren Elektronen in einem Molekül nicht mehr nur zu dem Atom gehören, das das Elektron mitgebracht hat, sondern dass sich die Atome eines Moleküls diese Elektronen teilen. Das Elektron erweitert sozusagen seinen Horizont. Es verlässt sein wohldefiniertes Atomorbital und springt stattdessen von Atom zu Atom oder umkreist sogar das gesamte Molekül. Auf seinem neuen Weg folgt das Elektron einem Molekülorbital. Da sich die Abmessungen des Systems Molekül grundlegend von denen eines einzelnen

Atoms unterscheiden, ist es naheliegend, dass sich auch die erlaubten Energien im Molekül von denen im Atom sehr unterscheiden. Manche Molekülorbitale erscheinen für die Elektronen attraktiver, da sie energetisch günstiger sind, also eine niedrigere Energie des Elektrons zulassen. Diese attraktiven Orbitale sind außerordentlich wichtig, denn sie garantieren die Stabilität des Moleküls! Komplexe Moleküle (zum Beispiel die der Netzhaut), die aus vielen Atomen bestehen, haben viele, nur hauchfein unterscheidbare Energiezustände. Das Auge ist dadurch in der Lage, zwischen Rot, Grün und Blau zu unterscheiden, obwohl der Unterschied zwischen den diesen Farben entsprechenden Wellenlängen nur wenige Hundert Milliardstel Meter beträgt (Abbildung 3).

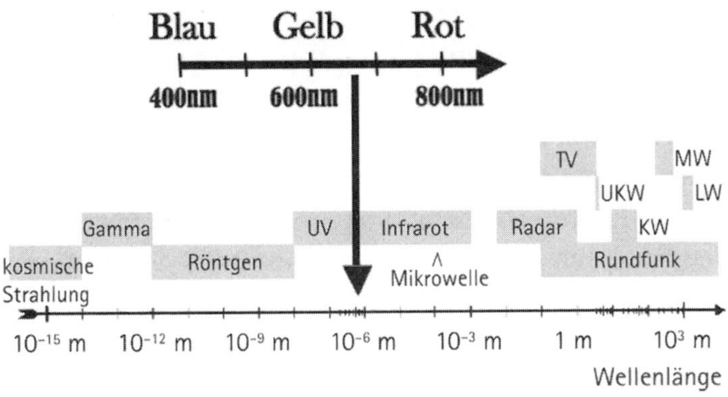

Abbildung 3: Das gesamte uns bekannte elektromagnetische Spektrum erstreckt sich von sehr kleinen Wellenlängen (10^{-15} m), also sehr hochenergetischer, zum Beispiel radioaktiver Strahlung, über den Bereich des sichtbaren Lichtes bis hin zu sehr langwelliger Strahlung im Radiobereich mit Wellenlängen von mehreren Hundert Metern. Anhand der Grafik wird deutlich, dass das sichtbare Licht Wellenlängen zwischen 400 Milliardstel und knapp 800 Milliardstel Metern aufweist und damit nur einen winzigen Bereich des gesamten elektromagnetischen Spektrums ausmacht.

Die Retina oder Netzhaut ist hauchdünn (Abbildung 4), kaum einen halben Millimeter dick. Sie entwickelt sich aus dem embryonalen Vorderhirn und wird daher als Teil des Gehirns angesehen. Wie eine Torte ist sie aus drei Schichten aufgebaut, der inneren und der äußeren retikulären Schicht sowie der Photorezeptorschicht. Die Photorezeptorschicht enthält diejenigen Sinneszellen, denen wir das Sehen verdanken. In unserem Auge haben sich zwei verschiedene Arten von Zellen ausgebildet: die Stäbchen und die Zapfen. Obwohl wir mit ca. 120 Millionen viel mehr Stäbchen als Zapfen (ca. sechs Millionen) vorweisen können, sind es die Zapfen, die uns das Sehen von Farben ermöglichen. Während es nur eine Art Stäbchen gibt, mit deren Hilfe wir hell und dunkel sehen, lassen sich die relativ wenigen sechs Millionen Zapfen noch einmal in drei Typen unterscheiden: die rot- (ca. 64 % aller Zapfen), die grün- (ca. 32 %) und die blauempfindlichen (nur 4 %). Die Stelle höchster Zäpfchendichte wird oft auch als Gelber Fleck, Sehgrube oder Makula bezeichnet und misst ungefähr 1,5 Millimeter Durchmesser. In den Horizontalzellen, die sich in der äußeren retikulären Schicht an die Photorezeptoren anschließen, wird die gesammelte Bildinformation aus den vielen Sinneszellen auf ca. eine halbe Million Stränge verteilt (das sogenannte Binning). Danach wird das Bild in den Ganglienzellen (innere retikuläre Schicht) in elektrische Impulse umgewandelt und über Synapsen an die Sehnervenstränge übergeben, die, in einen dicken Sehnerv gebündelt, die gesammelte Information ins Gehirn transportieren.

Alle Arten von Photorezeptoren enthalten das Molekül Rhodopsin (Sehpurpur), das sich wieder aus zwei Teilmolekülen, dem Opsin und dem Retinal (Vitamin A), zusammen-

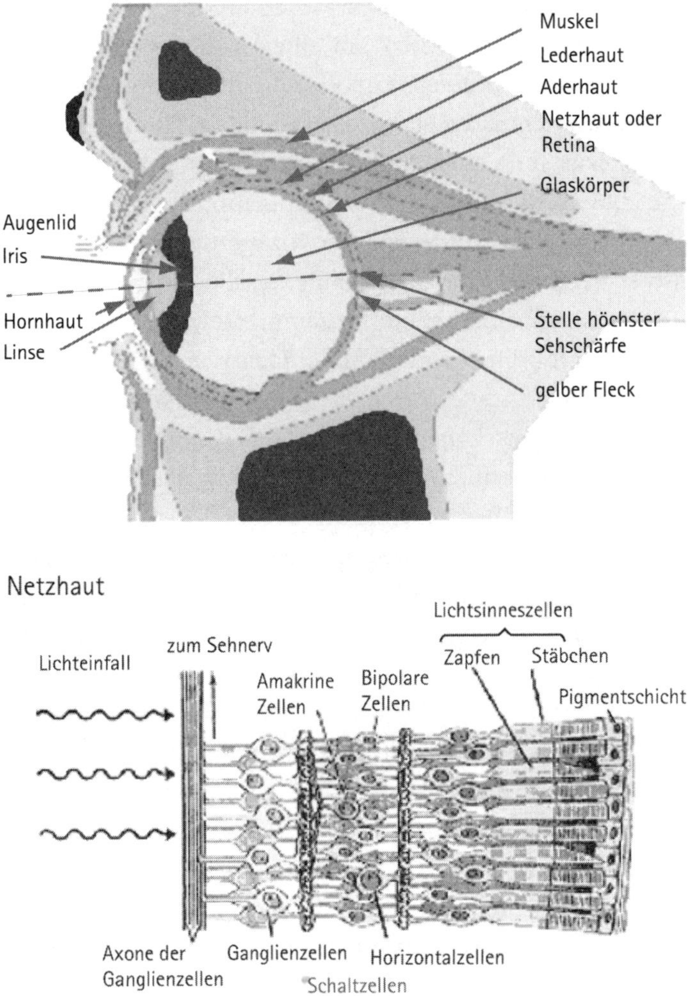

Abbildung 4: Schematischer Aufbau des Auges und der Netzhaut

setzt. Genauer gesagt handelt es sich um 11-cis-Retinal, das seinen Namen dem Knick am elften Kohlenstoffatom verdankt (siehe Abbildung 5) und für die Absorption eines eintreffenden sichtbaren Photons zuständig ist. Da die erlaubten Energiezustände eines Moleküls direkt von seiner Geometrie abhängen, kann eine Energieaufnahme oder -abgabe zu einer physischen Änderung der Anordnung der Atome im Molekülverbund führen. Moleküle verschiedener Geometrie, jedoch derselben atomaren Zusammensetzung, nennt man Isomere. Obwohl chemisch völlig identisch, haben Isomere aufgrund dessen auch verschiedene Energiezustände und verschiedene Eigenschaften. Verändert sich die Bindungsenergie in einem Isomer durch Aufnahme oder Abgabe eines passenden Photons um genau den Bruchteil, durch den sich Isomere voneinander unterscheiden, so resultiert dies in einer Änderung der Geometrie des Moleküls. Genau dieser Prozess ist der Anfang einer langen Kettenreaktion im Auge. Das 11-cis-Retinal wird durch Absorption eines Photons in All-trans-Retinal verwandelt. Infolgedessen ist es für das Rhodopsin energetisch günstiger, sein Opsin in einer Hydrolyse-Reaktion abzugeben und stattdessen Sauerstoff anzulagern. Opsin ist ein bekannter Verursacher von Enzymausschüttung, und so kommt es zu einer Kettenreaktion, die am Ende zu einer Änderung des Membranpotentials der Sehzelle und somit zu einem elektrischen Signal führt. Sehen ist also ein quantenmechanischer Prozess, somit begleitet uns diese komplizierte Physik jeden Tag.

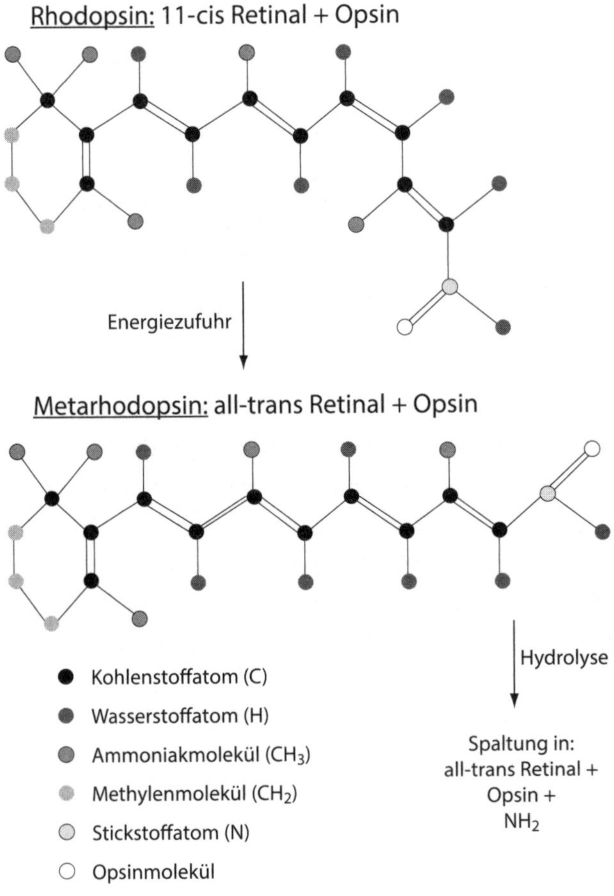

Abbildung 5: Übergang des Isomers 11-cis-Retinal in das Isomer All-trans-Retinal durch Aufnahme der passenden Energie mittels Absorption eines Photons. Im Anschluss wird Opsin abgespalten.

Medizinische Bildgebung I – Vom Röntgen zur Computertomographie

Die moderne Physik eröffnet der Medizin fantastische Einblicke ins Innere des menschlichen Körpers. Einige Methoden der medizinischen Bildgebung sind eng mit der Quantenmechanik verbunden und sollen hier vorgestellt werden. Die Geschichte dieser quantenmechanischen Bildgebungsverfahren in der Medizin beginnt Ende des 19. Jahrhunderts in einem physikalischen Labor in Würzburg.

Die Entdeckung des Wilhelm Conrad Röntgen

Am 8. November 1895 entdeckte Wilhelm Conrad Röntgen (1845–1923) eine neue Art von Strahlung, die sogar feste Gegenstände nur wenig geschwächt durchdringen kann. Diese unbekannte Strahlung, die bald als »Röntgenstrahlung« bekannt wurde, ist für das menschliche Auge unsichtbar. Sie kann aber mit herkömmlichen Filmen fotografiert werden, und man kann sie durch einen Trick für das menschliche Auge sichtbar machen: Bestimmte chemische Substanzen können die Röntgenstrahlung nämlich in normales Licht verwandeln.

Beschichtet man eine Fläche mit einer derartigen Substanz, so kann man auf diesem »Fluoreszenzschirm« die einfallende Röntgenstrahlung sehen.

Als Röntgen seine eigene Hand zwischen die Quelle der Strahlung und einen Fluoreszenzschirm hielt, muss er zutiefst bewegt gewesen sein. Denn er sah, um es in seinen eigenen Worten zu sagen, »die dunkleren Schatten der Handknochen in dem nur wenig dunklen Schattenbild der Hand«. Zur Illustration dieses Phänomens machte Röntgen fotografische Aufnahmen von durchleuchteten Händen seiner Frau und seiner Kollegen. Diese Bilder, von denen eines in Abbildung 6 gezeigt ist, trugen maßgeblich zum Aufsehen bei, das Röntgens Entdeckung verursachte. So war es nur folgerichtig, dass im Jahr 1901 der erste Nobelpreis für Physik an Wilhelm Conrad Röntgen verliehen wurde, »als Anerkennung des außerordentlichen Verdienstes, das er sich durch die Entdeckung der nach ihm benannten Strahlen erworben hat«.

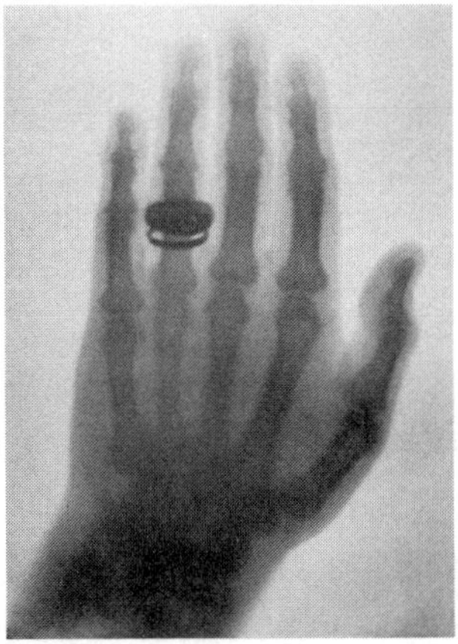

Abbildung 6: Originalaufnahme einer menschlichen Hand durch Wilhelm Conrad Röntgen im Januar 1896

Die Entdeckung der Röntgenstrahlung markiert nicht nur einen wichtigen Schritt auf dem Weg zur Entschlüsselung des Aufbaus der Materie, der nach nur wenigen Jahrzehnten in den Entdeckungen der Quantenmechanik gipfeln sollte, sondern zugleich auch den Anfang der medizinischen Bildgebung.

Medizinische Anwendung der Röntgentechnik

Als Röntgen die nach ihm benannte Strahlung entdeckte, experimentierte er mit einer sogenannten Kathodenstrahlröhre, wie sie auch heute noch zur Erzeugung von Röntgenstrahlung verwendet wird. Eine schematische Skizze einer derartigen Röhre ist in Abbildung 7 gezeigt.

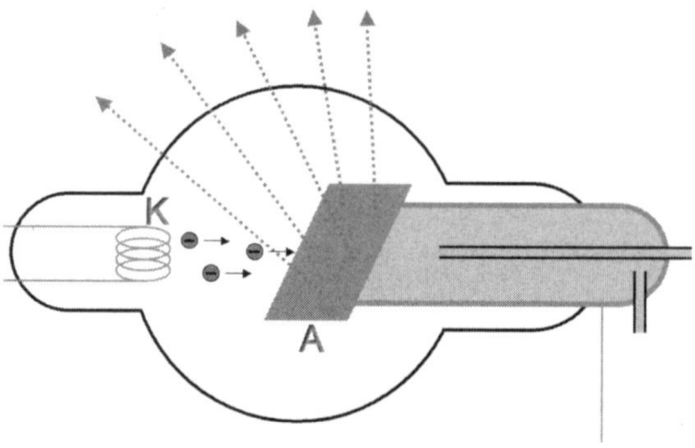

Abbildung 7: Kathodenstrahlröhre. Durch K und A sind die Kathode und die Anode gekennzeichnet.

Es handelt sich dabei um eine weitgehend luftleere Glasröhre, in deren Innerem sich an einem Ende eine um 45 Grad geneigte Metallplatte befindet, am anderen Ende ein Heizdraht ähnlich der Glühwendel einer Glühbirne. Zwischen der Platte und der Glühwendel liegt eine hohe elektrische Spannung an, wobei die geneigte Platte positiv geladen ist. Um die Entstehung der Röntgenstrahlung zu verstehen, müssen wir uns daran erinnern, dass gleichartige elektrische Ladungen sich abstoßen, während verschiedenartige Ladungen sich anziehen.

In der Röntgenröhre werden an der Oberfläche des Heizdrahtes durch die hohe Temperatur Elektronen freigesetzt. Diese Elektronen werden nun von der positiv geladenen Platte am anderen Ende der Röhre angezogen und dadurch auf sehr hohe Geschwindigkeiten beschleunigt. Diese schnellen Elektronen treffen schließlich auf die geneigte Metallplatte.

Dort dringen die Elektronen in das Metall ein und gelangen in den Einflussbereich der Atomkerne. Diese bestehen aus positiv geladenen Protonen und elektrisch neutralen Neutronen, tragen insgesamt also eine positive Ladung. Daher ziehen die Kerne die negativ geladenen Elektronen an. Man könnte nun erwarten, dass die Elektronen in die Atomkerne fallen. Allerdings führt die grundlegende Unbestimmtheit dazu, dass ein Elektron bei sehr genauer Lokalisierung (im Kern) sehr schnell wird (Impulsunschärfe steigt, je genauer der Ort bestimmt ist). Dann aber übersteigt die Bewegungsenergie die Anziehung durch den Kern. Das Resultat der Heisenberg'schen Unbestimmtheitsrelation ist also die Unmöglichkeit des Elektrons, sich in der Nähe des Kerns zu befinden. Sie werden aber abgelenkt und stark abgebremst. Die bei diesem Bremsvorgang frei werdende Energie wird in Form von hochenergetischen Photonen abgegeben: Röntgenstrahlung ist entstanden.

Physikalisch gesehen, ist Röntgenstrahlung genau wie Licht und Radiowellen elektromagnetische Strahlung, allerdings hat sie eine sehr hohe Energie. Dies ist auch der Grund für ihre Fähigkeit, Materie zu durchdringen. Allerdings durchdringt Röntgenlicht nicht alle Gewebearten gleich: Knochen schwächen die Strahlung viel stärker ab als das sie umgebende Gewebe, sodass Knochen in Röntgenaufnahmen als dunkle Schatten erscheinen, wie in Abbildung 6 deutlich sichtbar ist. Das entstehende Röntgenbild kann dann mit fotografischen Filmen oder, in neuerer Zeit, mit elektronischen Detektoren nachgewiesen werden.

In der Medizin eignet sich die Röntgenmethode vor allem zur Darstellung der Knochen und der Lunge. Gerade bei Knochenbrüchen ist die Röntgendiagnostik von unschätzbarem Wert. Ein gewisser Nachteil der Röntgenbildgebung besteht darin, dass die sehr energiereichen Röntgenstrahlen das Gewebe schädigen und Krebs verursachen können. Moderne Röntgengeräte in der Medizin kommen allerdings mit deutlich geringerer Strahlung aus. Dennoch sollten unnötige Röntgenaufnahmen vermieden werden.

Computertomographie

Die Computertomographie (oft mit CT abgekürzt) basiert auf der klassischen Röntgentechnik, erlaubt aber die Darstellung der verschiedenen Gewebe in ebenen Schnittbildern durch den Körper. Darauf weist bereits die Bezeichnung »Tomographie« hin, die sich aus den griechischen Wörtern *tómos* (Schnitt) und *gráphein* (schreiben) zusammensetzt. Bei der Computertomographie begnügt man sich aber nicht mit einem einzigen Schnittbild, sondern erstellt in leicht versetzten Ebenen eine Vielzahl von Bildern. Durch Kombination dieser Schnittbilder kann dann in einem Computer eine dreidimensionale Innenansicht des Körpers rekonstruiert werden. Aber wie kann man aus der Abschwächung von Strahlen, die verschiedene Bereiche des Körpers durchlaufen haben, die Verteilung der Organe in einem Schnittbild erhalten?

Dazu wird das Röntgenlicht zu feinen Strahlen gebündelt, die fächerförmig von einer Quelle ausgehen. Diese Strahlen werden dann von einer Kette von Detektoren aufgefangen, nachdem sie den Körper durchlaufen haben. Die Strahlen werden auf ihrem Weg durch das Gewebe natürlich abgeschwächt. Aus der gemessenen Abschwächung kann man unmöglich auf die Verteilung des Körpergewebes entlang der Strahlen schließen. Wenn man aber dieses Abtasten wiederholt, indem man den Strahlenfächer und die Detektoren leicht gegenüber der ersten Messung verdreht, dann erhält man zusätzliche Informationen. Man kennt dann die Abschwächung entlang vieler weiterer Strahlen, die sich mit denjenigen der ersten Abtastung überkreuzen. Wenn man dies für alle möglichen Winkel wiederholt und dabei Röntgenquellen und Detektoren einmal um den Körper gedreht hat, kann man mithilfe eines Computers die Orte unterschiedlicher Gewebe im Schnittbild ausrechnen und in ein zweidimensionales Bild verwandeln. Weil der Strahlenfächer und die Detektoren einmal um den Körper herumgedreht werden müssen, hat ein Computertomograph die Form eines Rings, in den der Patient auf einer Liege hineingeschoben wird. Um durch weitere Schnittbilder dreidimensionale Ansichten zu gewinnen, wird der Patient einfach ein kleines Stück vor- oder zurückgeschoben, bevor ein neues Schnittbild erstellt wird.

Das Rechenverfahren zur Rekonstruktion der zweidimensionalen Schnittbilder wurde 1917 vom tschechischen Mathematiker Johann Radon (1887–1956) entwickelt. Die technische Entwicklung der Computertomographie begann aber erst in den 1960er-Jahren durch den Physiker Allan M. Cormack (1924–1998) und den Elektrotechniker Godfrey Hounsfield (1919–2004), die dafür im Jahr 1979 mit dem Nobelpreis für Medizin geehrt wurden. Die erste CT-Aufnahme eines Menschen entstand im Jahr 1971.

Gegenüber dem klassischen Röntgenbild ist bei der Computertomographie die Möglichkeit, dreidimensionale Darstellungen des Körpers zu erzeugen, ein großer Vorteil. Als Beispiel ist in Abbildung 8 eine moderne CT-Aufnahme des Herzens zu sehen, die eine erstaunliche Fülle an Details zeigt.

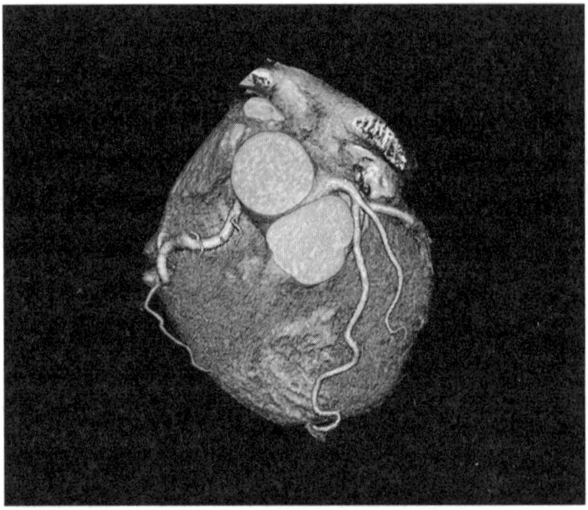

Abbildung 8: CT-Aufnahme eines menschlichen Herzens

Die Atmung – ein Beweis für Quantenmechanik?

Jedes Lebewesen auf unserer Erde ist ein Individuum. Doch trotz aller Verschiedenheit verlangt das Leben an sich nach einigen grundlegenden Dingen. Ob Pflanze, Tier oder Mensch, es wird gegessen und geatmet. Mit jedem Atemzug nehmen wir Materie auf. Um genau zu sein, sind es $1{,}6 \times 10^{21}$ oder 1,6 Trilliarden Sauerstoffmoleküle pro Sekunde. Natürlich ist eine Frage in diesem Zusammenhang sehr naheliegend: Was haben solch normale Dinge wie das Atmen und die Lunge mit dem Thema dieses Buches, mit Quantenmechanik, zu tun?

Wir alle bestehen aus genau denselben elementaren Bausteinen. Positiv geladene Protonen und negativ geladene Elektronen verbinden sich zu Atomen, aus denen wiederum Moleküle und Zellen entstehen. Im Gegensatz zu der Welt, die wir sehen und fassen können, ist die Welt der Elementarteilchen auf den ersten Blick ziemlich langweilig. Sie sind alle gleich! So trägt beispielsweise jedes Elektron genau eine Elementarladung *e*. Es hat eine Masse $m_e = 9 \times 10^{-31}$ kg, eine Ruheenergie von $m_e\, x\, c^2$ und einen Spin von +½ oder –½. Dieses Bild des Elektrons wird allerdings stark modifiziert, sobald es sich nicht mehr frei bewegen kann, es beispielsweise an einen Atomkern gebunden ist.

Ein Atom besteht, wie bereits mehrmals erwähnt, aus einem positiv geladenen Kern von Protonen und Neutronen und einer ausgedehnten Hülle von Elektronen. Die einzige Freiheit, die einem Elektron relativ zu den anderen Elektronen im Atom geblieben ist, ist die Wahl seiner Geschwindigkeit oder Bewegungsenergie und die Wahl seines Spins. Der absolute Wert des Elektron-Spins ist immer ½, jedoch hat er auch eine Richtung und kann daher +½ oder −½ sein (im nicht ganz korrekten Bild des Spins als Eigendrehung heißt dies, das Teilchen rotiert im oder gegen den Uhrzeigersinn). Diese kleinen Vorzeichen sind äußerst wichtig. Nach dem Pauli-Prinzip dürfen sich zwei Elektronen nie im selben Zustand befinden. Der Zustand eines Teilchens wird durch seine Masse, Ladung, Energie und seinen Spin charakterisiert. Grundsätzlich streben alle Teilchen den Zustand niedrigster Energie an, auch Grundzustand genannt. Da Masse und Ladung immer gleich sind, gilt nach Pauli, dass es nur genau zwei Elektronen geben kann, die den Grundzustand besetzen dürfen. Eines mit Spin +½ und eines mit −½. Will man jedoch im Bezugssystem des Atoms mehr als zwei Elektronen unterbringen, so müssen diese eine höhere Energie besitzen als die ersten beiden Elektronen.

Wie viel höher diese Energie ist, lässt sich quantenmechanisch berechnen. Zunächst benutzt man den Welle-Teilchen-Dualismus, um jedem Elektron eine Wellenlänge zuzuordnen. Unter dem Begriff »Wellenlänge« versteht man den Abstand zwischen Berg und Tal einer Welle. Setzt man nun voraus, dass sich das Elektron auf einer geschlossenen Bahn um den Atomkern bewegt (zum Beispiel einer Kreisbahn), so lässt sich folgende Bedingung für die Wellenlänge ableiten: Beginnt eine Welle in einem bestimmten Punkt mit einem Tal, so muss sie nach einem ganzen Umlauf auch wieder mit einem Tal enden.

Daraus folgt, dass nur ganzzahlige Vielfache der Wellenlänge auf eine Kreisbahn mit bestimmtem Radius passen. Im einfachsten Fall, im Grundzustand, liegt zwischen Anfangs- und Endpunkt genau ein Berg. Dieser Zustand hat die längste Wellenlänge (größtmöglicher Abstand zwischen Berg und Tal) und entspricht somit der niedrigsten Energie. Ist der Grundzustand bereits besetzt, so sucht man nach dem nächsthöheren Energieniveau, um weitere Elektronen hinzufügen zu können. Das nächste Niveau entspricht in diesem Bild einer Wellenlänge, die den richtigen Abstand hat, um genau zwei Berge zwischen Anfangs- und Endpunkt unterzubringen, dann folgen drei Berge und so weiter. Je mehr Berge man hinzufügt, desto kürzer wird die Wellenlänge, und umso höher ist die entsprechende Energie. Diese strenge Vorschrift von erlaubten Energien und damit die Aufteilung der Elektronen eines Atoms auf verschiedene Energieniveaus nennt man Energiequantisierung.

Zusammenfassend soll festgehalten werden, dass das Pauli-Prinzip, das wie bereits ausgeführt besagt, dass sich zwei Elektronen im Atom- oder Molekülverbund nie im gleichen Zustand befinden dürfen, verantwortlich für die Quantisierung der Energie ist. Wären alle Elektronen intrinsisch unterscheidbar, würden sie beispielsweise eine Nummer tragen, so dürften sie alle im Grundzustand sitzen, ohne das Pauli-Prinzip dabei zu verletzen. Sie hätten dann alle dieselbe Energie. Die Elektronen eines Atoms befinden sich also aufgrund ihrer fundamentalen Ununterscheidbarkeit auf unterschiedlichen Energieniveaus und bilden somit das Schalenmodell im Periodensystem der Elemente. Jedes Energieniveau darf mit zwei Elektronen besetzt werden: einem mit Spin +½ und einem mit Spin −½. Die Nichtindividualität der Elementarteilchen ist die absolut notwendige Voraussetzung, auf der unsere interessante Welt basiert!

Gehen wir nun einen Schritt weiter und untersuchen das Bindungsverhalten von Atomen im Molekül. Es ergibt sich, dass sich zwei Atome immer dann zu einem Molekül verbinden, wenn insgesamt Energie dabei frei wird. Um zu verstehen, wie dieser Zusammenschluss überhaupt freie Energie produzieren kann, muss man die erlaubten Elektronen-Energieniveaus in den einzelnen Atomen mit denen des fertigen Moleküls vergleichen. Da das Molekül eine viel komplexere Geometrie hat als das einzelne Atom, hat die Elektronenwelle viel mehr Möglichkeiten, sich zu »schließen«. Zwei Atome verbinden sich nur dann zu einem Molekül, wenn das Molekül Energieniveaus aufweist, die niedriger liegen als die der einzelnen Atome. Es muss also »energetisch günstiger« sein, die Bindung einzugehen. Bei der chemischen Bindung wird daher immer Energie frei, die man manchmal sogar sehen kann, beispielsweise in einer Explosion. Das einfachste Beispiel für eine explosionsartige Bindung ist die sogenannte Knallgasreaktion, die Verbindung von Wasserstoff und Sauerstoff zu Wasser. Es gibt jedoch viele Bindungen, die nicht mit einem lauten Knall, sondern leise vor sich gehen, so zum Beispiel die Andockung von Sauerstoffmolekülen an die roten Blutkörperchen in der Lunge.

Durch die Luftröhre in die Bronchien, die Bronchiolen und schließlich in die Alveolen oder Lungenbläschen führt der lange Weg, den ein jedes Sauerstoffmolekül zurücklegt, bevor es für den Menschen bedeutsam wird. In einem der ca. 300 Millionen Lungenbläschen, die allesamt von feinen Blutgefäßen, den sogenannten Kapillaren, versorgt werden, diffundiert es schließlich durch deren dünne Membran in den Blut-

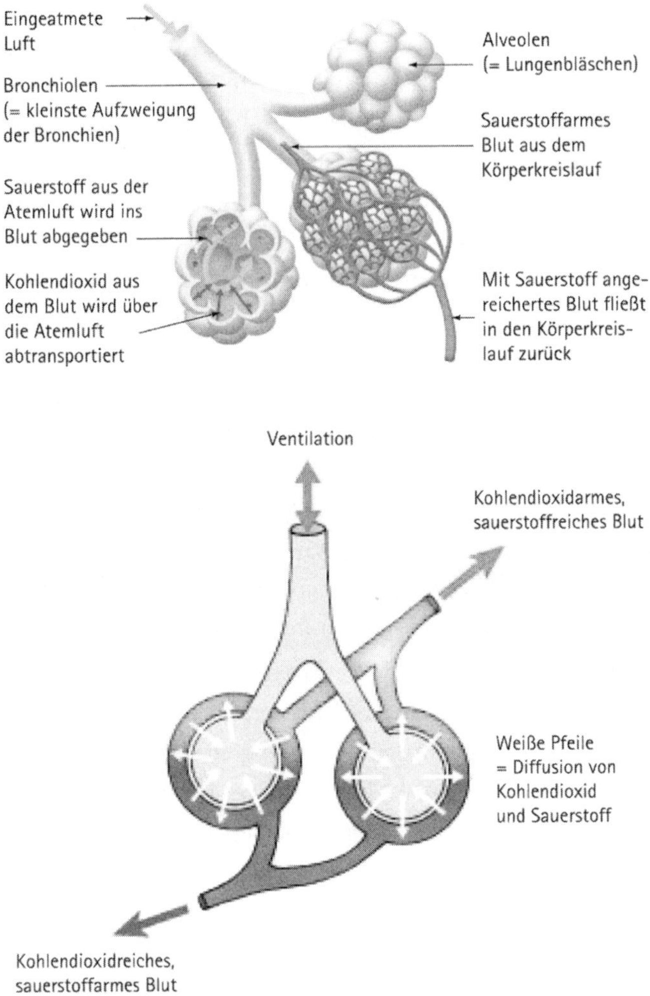

Abbildung 9: Schematischer Aufbau der Alveolen oder Lungenbläschen (kleine Luftsäcke mit einem durchschnittlichen Durchmesser von 0,003 mm) und Darstellung des Gasaustauschs in diesen.

kreislauf (siehe Abbildung 9). Diffusion findet immer dann statt, wenn ein Druckgefälle vorhanden ist und es dieses auszugleichen gilt. Die frisch eingeatmete Luft in den Alveolen enthält deutlich mehr Sauerstoff und weniger Kohlendioxid als das sauerstoffarme Blut, das in der Lunge ankommt. Sauerstoffmoleküle diffundieren daher in die Kapillaren, während Kohlendioxid herausdiffundiert. Um den Sauerstoff nun aber zu genau den Muskeln zu transportieren, die ihn gerade benötigen, muss er »Taxi fahren«. Um einen sinnvollen Transport zu garantieren, wird der Sauerstoff an die roten Blutkörperchen gebunden. Blut ist also nicht wie Sprudelwasser, in welches die Luft hineingepustet wird. Sauerstoff bindet! Diese immer gleiche chemische Bindung von Sauerstoff, also das Aufladen auf den Blutkörperchen-Transporter, macht den eigentlichen Prozess des Atmens aus. Mit jedem Atemzug binden wir Materie in unserer Lunge.

Gehen wir wieder zurück zu der Vorstellung, dass die Elementarteilchen so individuell wären wie ein jeder von uns. In solch einer Welt wären alle Elektronen im Atom im Zustand niedrigster Energie. Es gäbe also keinen Grund für die Verbindung von Atomen zu Molekülen. Da sich sowieso alles im Grundzustand befände, wäre mit einer chemischen Bindung kein Energiegewinn verbunden. Die Systematik der Molekülbindung bräche mit der Individualität der Elementarteilchen vollständig zusammen! Erstaunlicherweise ist es die Ununterscheidbarkeit unserer Bausteine, die dafür sorgt, dass unsere Welt so voller Leben ist! Somit ist jeder Atemzug in faszinierender Weise ein Beweis für die Quantenmechanik.

Medizinische Bildgebung II – Kernspin- und Positronen-Emissions-Tomographie

Kernspintomographie

Bei der Kernspintomographie – manchmal auch als Magnetresonanztomographie (MRT) oder englisch als *Nuclear Magnetic Resonance Tomography* (NMR) bezeichnet – macht man sich ein anderes Prinzip zunutze als beim Röntgenverfahren. Sie beruht auf einer wichtigen quantenmechanischen Eigenschaft von Elementarteilchen, dem Eigendrehimpuls oder Spin. Wie der Name schon sagt, spielt bei der Kernspintomographie der Spin des Atomkerns die Hauptrolle. Betrachten wir das einfachste Atom, das Wasserstoffatom, das im menschlichen Körper als Bestandteil des Wassermoleküls sehr häufig vorkommt. Das Wasserstoffatom besteht aus einem (elektrisch positiv geladenen) Proton im Kern, das durch elektrische Anziehung ein (elektrisch negativ geladenes) Elektron in der Atomhülle an sich bindet. Nun hat das Proton im Kern einen Eigendrehimpuls, den »Kernspin«, und verhält sich wie ein kleiner Magnet.

Im Alltag eines Atoms spielt der Kernspin eigentlich keine Rolle. Verirrt sich ein Atom aber in ein Magnetfeld, so beeinflusst dieses den Spin. Genauer gesagt: die Ausrichtung des

Spins im Magnetfeld. Dies ist in Abbildung 10 gezeigt: Der Spin des Atomkerns ist hier durch den Vektor (Pfeil) m markiert. Das Magnetfeld B_0 verläuft in Abbildung 10 vertikal. Der Kernspin verhält sich wie ein kleiner Magnet, richtet sich daher im Magnetfeld mit einer bestimmten Orientierung aus und rotiert um das Magnetfeld.

Wie bei vielen anderen physikalischen Größen erlaubt die Quantenmechanik bei der Spin-Orientierung im Magnetfeld nicht alle beliebigen Richtungen, sondern nur ganz spezielle. Im Fall des Protons sind zwei mögliche Orientierungen zugelassen. Weiterhin unterscheiden sich diese beiden Richtungen relativ zum Magnetfeld in ihrer Energie: Richtet sich der Spin parallel zum Feld aus (wie in Abbildung 10 gezeigt), so ist die Energie dieses Zustands geringer als bei antiparalleler Orientierung. »Antiparallel« bedeutet, dass der Spin in die entgegengesetzte Richtung des Magnetfeldes zeigt. Die beiden erlaubten Orientierungen und Energiezustände des Protonenspins im Magnetfeld sind ein Beispiel für die Quantisierung der Energie in der Quantenmechanik.

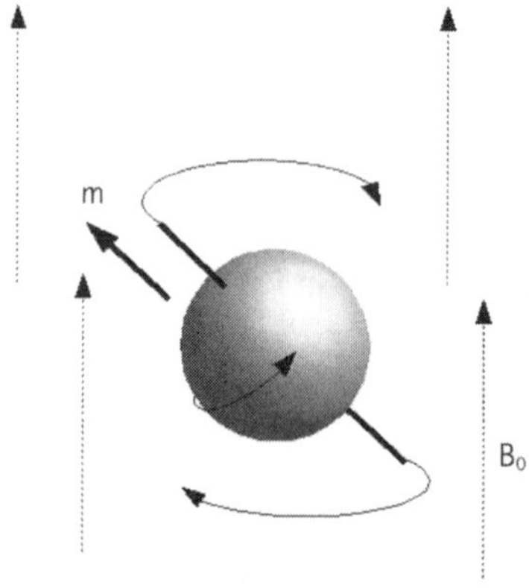

Abbildung 10: Atomkern mit Spin m im Magnetfeld B_0

Bei der Kernspintomographie wird der Körper einem starken Magnetfeld ausgesetzt. Moderne Kernspintomographen haben ein Magnetfeld von bis zu 7 Tesla Stärke, das ist mehr als das 200 000-Fache der Stärke des Erdmagnetfeldes an der Oberfläche! Im Magnetfeld richten sich die Spins der Wasserstoffatomkerne des Gewebes so aus, dass sie mehrheitlich den Zustand niedriger Energie einnehmen. Der Energieunterschied zwischen diesem und dem höheren Energiezustand entspricht Radiostrahlung einer bestimmten Frequenz. Bestrahlt man den Körper mit derartigen Radiowellen, so kann man die Atomkerne zum »Umklappen« des Spins in den Zustand höherer Energie zwingen. Sie sind dann antiparallel zum Magnetfeld orientiert. Schaltet man die Radiostrahlung dann aus, so werden die Kerne nach und nach in den günstigeren Zustand niedrigerer Energie zurückkehren. Dabei wird die vorher aufgenommene Strahlungsenergie wieder abgestrahlt, die sich dann mithilfe von speziellen Detektoren nachweisen lässt.

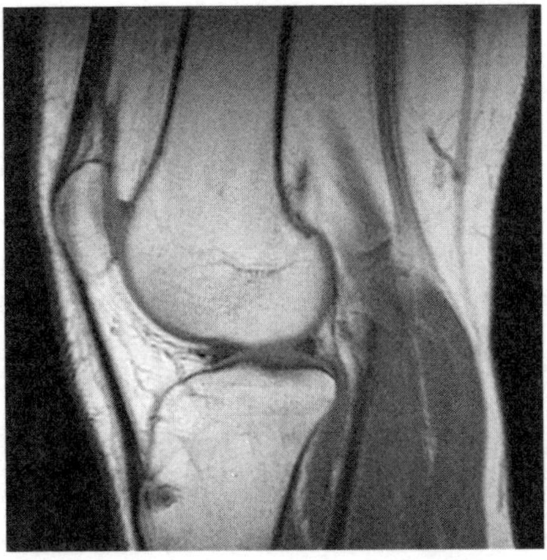

Abbildung 11: MRT-Aufnahme eines Kniegelenks

Das Wassermolekül, das aus zwei Wasserstoffatomen und einem Sauerstoffatom besteht, kommt im menschlichen Körper sehr häufig vor. Die Protonen in den Kernen der beiden Wasserstoffatome können mit der Kernspintomographie leicht dargestellt werden, daher eignet sie sich sehr gut zur Darstellung der Weichteile des Körpers, wie zum Beispiel des Gehirns oder der Menisken des Kniegelenks, wie in Abbildung 11 gezeigt wird. Auch alle Bauchorgane und die Blutgefäße lassen sich sehr gut abbilden. Ein weiterer Vorteil ist, dass das Magnetfeld und die Radiostrahlung im Gegensatz zur Röntgenstrahlung das Körpergewebe kaum schädigen können.

Positronen-Emissions-Tomographie

Während Röntgenverfahren, Computertomographie und Kernspintomographie weitgehend auf die Darstellung des Körpers zu einem bestimmten Zeitpunkt beschränkt bleiben, erlaubt eine andere Technik, die Positronen-Emissions-Tomographie oder kurz PET, den Blick auf den zeitlichen Ablauf von Stoffwechselvorgängen im Körper.

Grundlage für die PET ist ein schwach radioaktives Material, das in die zu untersuchende Region des Körpers eingespritzt wird. Als »radioaktiv« bezeichnet man Atomkerne, die instabil sind und bei einer Teilchenumwandlung im Kern andere Teilchen oder energiereiche Strahlung freisetzen. Wie der Name schon andeutet, findet bei der PET ein Beta-plus-Strahler Verwendung. Beim Beta-plus-Zerfall wird im Atomkern ein Proton zu einem Neutron umgewandelt und ein Positron, das elektrisch positiv geladene Äquivalent des Elektrons, freigesetzt.

Beispielsweise kommt in der Medizin häufig Sauerstoff-15 (^{15}O) zum Einsatz, dessen Kerne acht Protonen und sieben Neutronen enthalten. Beim Beta-plus-Zerfall von ^{15}O verwandelt sich der Kern durch die Umwandlung von einem Proton in ein Neutron in einen Stickstoff-15-Kern (^{15}N), der aus sieben Protonen und acht Neutronen besteht, während ein Positron und ein ungeladenes Neutrino den Kern verlassen.

Wie lassen sich diese Vorgänge nun für die medizinische Bildgebung ausnutzen? Die zentrale Rolle spielt hierbei das beim Zerfall freigesetzte Positron. Das Positron ist das Antiteilchen des Elektrons. Trifft dieses auf ein Elektron im umgebenden Körpergewebe (als Bausteine der Atomhülle finden sich Elektronen überall in der Materie), so zerstrahlen beide Teilchen in Energie, üblicherweise in zwei energiereiche Photonen (Lichtteilchen), die in entgegengesetzter Richtung den Körper verlassen. Diese Gammastrahlung lässt sich mit speziellen Detektoren nachweisen.

Für eine Aufnahme, die in der Medizin verwendbar ist, benötigen wir aber auch Kenntnis über den genauen Ort im Körper, an dem sich der Zerfall ereignet hat. Dazu ordnet man die Detektoren, welche die Gammastrahlung nachweisen sollen, ringförmig an. Ein Beta-plus-Zerfall im Körper führt dann dazu, dass zwei gegenüberliegende Detektoren nahezu gleichzeitig je ein Gamma-Photon registrieren. Der Ursprung dieser Photonen (und damit der Zerfallsvorgang) muss also auf der Verbindungslinie beider Detektoren liegen. Wenn sich an einem Punkt im Gewebe das radioaktive Material sammelt, dann kommt es dort zu vielen Zerfällen, die von jeweils gegenüberliegenden Detektoren nachgewiesen werden. Der Schnittpunkt ihrer Verbindungslinien lässt sich dann als Ort der Emission rekonstruieren.

Damit erreicht man eine Auflösung von typischerweise fünf Millimetern, bestenfalls von etwa ein bis zwei Millimetern. Die Auflösung ist dabei nicht nur durch die Größe der verwendeten Detektoren begrenzt, sondern auch durch die Physik: Bei der PET wird schließlich nicht der Ort des eigentlichen Zerfalls bestimmt, sondern der Ort, an dem Positron und Elektron aufeinandertreffen und zerstrahlen. Die Flugstrecke des Positrons im Gewebe ist zwar kurz, führt aber zu einer Begrenzung der erreichbaren Auflösung. Zudem führt die Eigenbewegung von Positron und Elektron vor ihrem Zusammenstoß dazu, dass die beiden Gamma-Photonen nicht exakt in entgegengesetzter Richtung fliegen, was die Ortsauflösung weiter beeinträchtigt. Dennoch ist die Möglichkeit, Strukturen im Millimeterbereich zu unterscheiden, einer der großen Vorteile der PET.

Die wahre Stärke der PET liegt aber darin, dass sich mit ihr Stoffwechselvorgänge, insbesondere der Verbrauch von Sauerstoff, im Körper sichtbar machen lassen. Hierzu ein Beispiel: Wenn man den Sauerstoffverbrauch in einem Organ (zum Beispiel im Gehirn) bestimmen will, dann bringt man in die zum Gehirn führende Blutbahn den bereits beschriebenen ^{15}O ein. Dieser wird dann in den Arterien zu den Hirnregionen transportiert, die gerade Sauerstoff benötigen. Mithilfe der PET lassen sich diese Hirnareale dann leicht sichtbar machen. Die PET, die in den 1950er-Jahren entwickelt wurde, eröffnet uns also die Möglichkeit, Stoffwechselvorgänge im Körper mit hoher zeitlicher Auflösung zu beobachten und ist damit in der Krebs- sowie in der Hirnforschung von enormer Bedeutung. Als Beispiel zeigt Abbildung 12 die Darstellung eines Hirntumors, die mithilfe der PET gewonnen wurde.

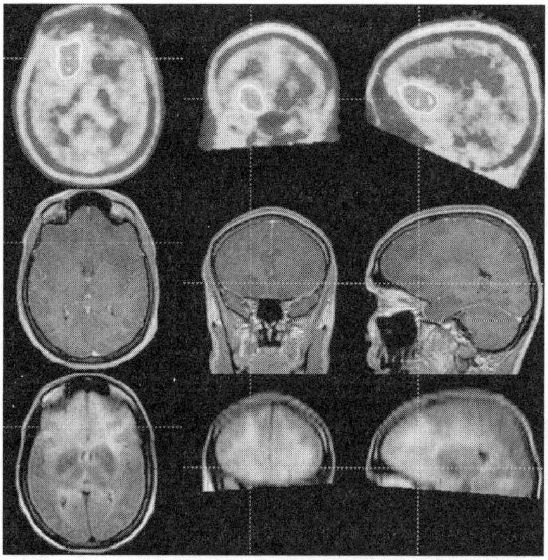

Abbildung 12: PET-Darstellung eines Hirntumors (obere Reihe) im Vergleich zu Aufnahmen mit einem Kernspintomographen (mittlere und untere Reihe)

Magnetismus

So bekannt den Menschen das Phänomen des natürlich vorkommenden Magnetismus, zum Beispiel in eisenhaltigen Erzen, ist, so unbekannt war der Wissenschaft lange der mikroskopische Ursprung dieser Kraft. So war es beispielsweise völlig unklar, aus welchem Grund manche Materialien magnetische Eigenschaften zeigen und andere nicht.

Die praktische Anwendung war in diesem Falle schon viel weiter, denn die Navigation mithilfe eines Kompasses war bereits im 11. Jahrhundert in China bekannt. Zwei Nord- oder zwei Südpole stoßen sich ab, ein Nord- und ein Südpol ziehen sich an. So einfach ist Magnetismus in der Praxis. Verstehen, woher er kommt, kann man damit nicht.

Auch wissenschaftshistorisch verdient der Magnetismus Erwähnung. So war es James Clerk Maxwell, der Mitte des 19. Jahrhunderts eine gemeinsame Theorie für die Beschreibung elektrischer und magnetischer Phänomene entwickelte. Was Maxwell nicht wusste, war, dass er mit der Formulierung seiner Theorie einiges vorwegnahm: So beinhaltet sie bereits die Konstanz der Lichtgeschwindigkeit, auch wenn erst Ernst Mach (1838–1916) und Albert Einstein diese Idee mit der Relativitätstheorie konsequent vollendeten. Auch vereinigte Maxwell damit als Erster zwei Kräfte in einer Theorie. Das Streben nach der einheitlichen Beschreibung von Kräften innerhalb einer einzigen Theorie hält bis heute an, so ist auch in vielen populärwissenschaftlichen Werken von den Versuchen zu lesen, alle Kräfte in einer Theorie, der sogenannten Großen Vereinheitlichten Theorie (englisch *Grand Unified Theory* – GUT), zu vereinigen.

Was Grundzüge des Elektromagnetismus betrifft, leistet die Maxwell'sche Theorie Glänzendes, aber wie sich herausstellte, war sie für das Verständnis des mikroskopischen Ursprungs des Magnetismus sogar eher hinderlich. So hatten Physiker wie alle anderen Menschen bereits an die 70 Jahre lang Zeit gehabt, sich daran zu gewöhnen, dass Magnetfelder aus elektrischen Strömen (also bewegten elektrischen Ladungen) erzeugt werden (wie zum Beispiel im Elektromotor) oder umgekehrt im Dynamo elektrischer Strom aus Magnetfeldern. Ebenso waren Atome und die sie wie Planeten die Sonne umkreisenden Elektronen längst Bestandteil des allgemeinen Verständnisses von der Natur. Es schien verlockend, die kreisenden Elektronen – immerhin wirklich elektrische Ladungen – als kleine Ströme und die Summe der durch sie hervorgerufenen Magnetfelder als Ursache für den Magnetismus, den ein Material zeigt, verantwortlich zu machen.

Nicht nur erschien die Theorie im Licht der aufkeimenden Quantenmechanik bereits in den 1920er-Jahren unhaltbar – sie erklärte auch vorher nicht, warum der Magnetismus bei einer gewissen, für jedes Material spezifischen Temperatur plötzlich verschwindet. Wie bei Wasser, das bei null Grad gefriert und dabei viele seiner Eigenschaften völlig verändert. Zudem sind keineswegs alle Materialien magnetisch, alle aber bestehen aus positiv geladenen Atomkernen und negativ geladenen Elektronen. Es stellt sich die Frage, warum nicht alle kleinen Ströme, die durch bewegte Elektronen erzeugt werden, in irgendeine zufällige Richtung fließen. Sollte die Summe der kleinen Magnetfelder in einem größeren Stück Material mit Abermillionen Atomen nicht im Mittelwert verschwinden? Warum passiert genau das nicht oder nur bei bestimmten Materialien? Anders formuliert: Durch welchen Mechanismus stellen sich die Ebenen der Bewegung der Elektronen aller Atome in Magneten in dieselbe Richtung? Wie spüren sich die Atome respektive deren Elektronen gegenseitig?

Auf diese Fragen lieferte erst die Quantenmechanik befriedigende Antworten. Durch die Quantenmechanik wissen wir, dass sich alle Teilchen, also Elektronen, Protonen, aber auch ganze Atome, sozusagen anhand ihres »Sozialverhaltens« in genau zwei Klassen einteilen lassen. Die einen lieben es, alle am gleichen Ort und im gleichen Zustand zu sein, während es die anderen etwas geregelter, jeder mit seinem festen Platz und seinem eigenen Zustand, bevorzugen. Erstere Teilchen nennt man Bosonen (nach dem Physiker Satyendranath Bose [1894–1974]) und letztere Fermionen (nach dem Physiker Enrico Fermi [1901–1954]). Einzelne Elektronen, Protonen oder Neutronen sind zum Beispiel Fermionen, das ganze Wasserstoffatom dagegen ein Boson.

Grundsätzlich lassen sich in der Quantenmechanik Zustände von Systemen (zum Beispiel aus einem oder mehreren Atomen) durch Angabe einer Reihe von Zahlen (den sogenannten Quantenzahlen) vollständig beschreiben. Das geht in etwa nach Muster einer Adresse. Atom X wohnt in Energieniveau n, im Stockwerk l und hat den Spin m. Das ist alles. Der Spin ist dabei die Größe, auf die es uns ankommt. Spin wie gesagt deshalb, weil er sich so verhält, als ob sich das Teilchen mehr oder weniger schnell um sich selbst dreht. Fermionen und Bosonen unterscheiden sich genau dadurch, dass Bosonen ganzzahligen Spin haben, während die Fermionen nur halbzahligen Spin besitzen können. Doch woher kommt das unterschiedliche Sozialverhalten?

Um das zu verstehen, müssen wir uns die Wellenfunktion und ihre Bedeutung etwas genauer ansehen. In der Quantenmechanik werden Teilchen durch ihre Wellenfunktion beschrieben. Diese ist eine rein mathematische Größe und hat keine reale physikalische Entsprechung. Beobachten können wir nur das Quadrat der Wellenfunktion, das als Aufenthaltswahrscheinlichkeit des Teilchens interpretiert werden kann. Der Unterschied zwischen klassischer Physik und Quantenphysik macht sich unter anderem so bemerkbar, dass klassisch ein Teilchen punktförmig ist und damit sein Schwerpunkt exakt lokalisiert wäre. Das hieße, das Quadrat der Wellenfunktion ist an einem Ort genau eins und überall sonst null. Man findet dort das Teilchen mit Sicherheit (mit Wahrscheinlichkeit eins), wo es auch wirklich ist, und sonst nirgends. In der Quantenwelt kann man den Aufenthaltsort von Teilchen nie genau festlegen, deshalb ist die Wellenfunktion über ein ganzes Raumgebiet ausgebreitet und ihr Quadrat, die Aufenthaltswahrscheinlichkeit, überall kleiner als eins.

Man kann die Wellenfunktion aber nicht nur zur Beschreibung einzelner Teilchen nutzen, sondern auch für mehrere Teilchen zusammen. Dazu muss man wissen, dass Teilchen in der Quantenwelt, abgesehen von ihren Quantenzahlen, keinerlei Individualität besitzen. Das heißt, es gibt keine Möglichkeit, zwei Teilchen gleicher Art, etwa zwei Elektronen, die die gleichen Quantenzahlen haben, zu unterscheiden.

Nehmen wir zwei Elektronen und lassen sie ihre Plätze tauschen. Die Wellenfunktion hat sich nun geändert, denn das

Teilchen 1 ist nun am Ort 2 und umgekehrt. Aber wenn die Teilchen wirklich ununterscheidbar sind, können wir niemals messen, dass sie vertauscht wurden. Deshalb darf sich das Quadrat der Wellenfunktion nicht verändert haben. Diese Bedingung kann nun auf genau zwei Arten realisiert werden. Die erste Möglichkeit wäre, dass sich die Wellenfunktion überhaupt nicht verändert, man nennt sie dann »symmetrisch« bezüglich Teilchenaustausch (siehe Abbildung 13). Die zweite Möglichkeit besteht darin, dass sich das Vorzeichen der Wellenfunktion umkehrt, das heißt, wo sie vor dem Teilchenaustausch positiv war, ist sie nun negativ, und umgekehrt. Eine solche Wellenfunktion heißt »antisymmetrisch« unter Teil-

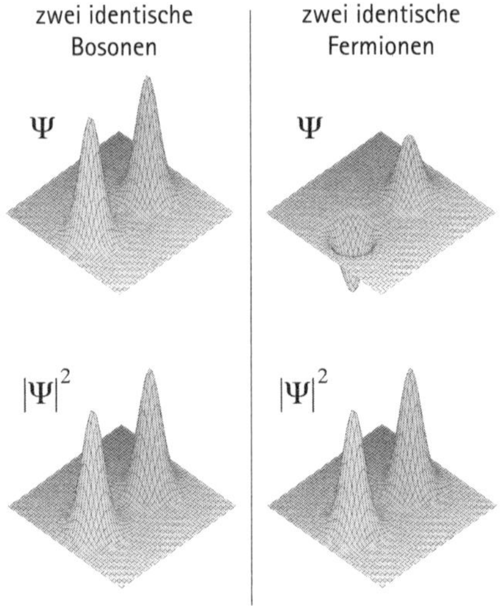

Abbildung 13: Systeme aus mehreren identischen Fermionen oder Bosonen haben unterschiedliche Wellenfunktionen, die die Symmetrie bei Vertauschung der Orte (Bosonen) oder Antisymmetrie (Fermionen) widerspiegeln. Die beobachtbare Größe, das Quadrat der Wellenfunktion, jedoch ist für beide Systeme gleich und gibt die Aufenthaltswahrscheinlichkeit an einem gewissen Ort an.

chenaustausch. In beiden Fällen erhalten wir dieselbe Aufenthaltswahrscheinlichkeit.

Diese zwei Möglichkeiten machen den Unterschied zwischen Fermionen und Bosonen aus. Identische Bosonen, also alle Teilchen einer Sorte mit ganzzahligem Spin, verhalten sich so, dass ihre Vielteilchen-Wellenfunktion symmetrisch ist. Fermionen (halbzahliger Spin) hingegen haben eine antisymmetrische Vielteilchen-Wellenfunktion.

Man hatte bereits beobachtet, dass jeder Spin mit einem magnetischen Feld wechselwirkt, also von ihm beeinflusst wird, und auch selbst ein magnetisches Feld beeinflusst. So lag der Schluss nahe, dass sich die Spins verschiedener benachbarter Atome in einem magnetischen Material »absprechen« können, um alle gemeinsam in eine Richtung zu zeigen und in der Summe der Abermillionen Atome in jedem Gramm Material ein makroskopisch spürbares magnetisches Feld zu erzeugen.

Die Realität ist aber leider komplizierter. Denn die direkte Wechselwirkung der Spins benachbarter Atome in einem Magneten ist zwar tatsächlich vorhanden, aber so schwach, dass sie zwar bei geringen Temperaturen nahe dem absoluten Nullpunkt (–273 °C) ausreichen würde, um die Spins zu ordnen und dem Material magnetische Eigenschaften zu verleihen. Wir fänden aber schon bei Zimmertemperatur durch die thermischen Fluktuationen keine Ordnung und damit keinen Magnetismus mehr. Aber wir sind nahe dran, den mikroskopischen Ursprung des Magnetismus besser zu verstehen, wenn wir eine weitere Möglichkeit der Wechselwirkung, deren Ursprung in der Quantenwelt liegt, in Betracht ziehen.

Die ausschlaggebende quantenmechanische Eigenschaft ist die Ununterscheidbarkeit quantenmechanischer Teilchen, die zur Symmetrie der Zustände unter Teilchenaustausch führt.

Genauer gesagt ist der Zwang zur Antisymmetrisierung des Gesamtzustands aller benachbarten fermionischen Teilchen (Pauli-Prinzip) in einem Metall für seinen magnetischen Charakter verantwortlich. So entscheidet sich jedes aus Fermionen aufgebaute Material anhand von Eigenschaften wie der Atomsorte oder der Gitterstruktur, entweder seine Verteilung im Raum (die Orts-Wellenfunktion) oder die Ausrichtung seiner Spins (die Spin-Wellenfunktion) antisymmetrisch zu gestalten. Handelt es sich um ein fermionisches Material (Spin ½) mit symmetrischer Orts-Wellenfunktion, so müssen sich die Spins immer abwechselnd in die eine und in die andere Richtung drehen, die Summe der Spins insgesamt wird also verschwindend gering. Ganz anders bei symmetrischer Orts-Wellenfunktion. Hier werden sich alle Spins sauber in eine Richtung orientieren, die einzelnen magnetischen Momente der Spins addieren sich zu einem großen magnetischen Moment – der Magnet ist geboren.

Doch ist diese, aufgrund der Symmetrie des Gesamtzustands mehrerer Teilchen Austauschwechselwirkung genannte Kraft wirklich stark genug? Sie ist es. So stark sogar, dass sie ausreicht, ganze Neutronensterne vor dem Kollaps zu bewahren. Ein Neutronenstern ist ein möglicher Endzustand im Lebenszyklus eines Sterns. Er ist unglaublich kompakt – die Masse eines ganzen sonnenähnlichen Sterns ist dort auf eine Kugel mit wenigen Kilometern Durchmesser zusammengedrückt. Ein Teelöffel dieser Neutronenmasse würde viele Millionen Tonnen wiegen, und im Zentrum herrscht ein Druck von mehreren Hundert Milliarden bar. Dies entspräche einer Wassertiefe von ein paar Milliarden Kilometern, also des Durchmessers unseres Sonnensystems. Neutronensterne sind damit zweifellos mit die außergewöhnlichsten Objekte, die wir im Weltall finden können – und die einzige Kraft, die sie stabilisiert, indem sie der Gravitationskraft die Waage hält und so den Kollaps des Sterns verhindert, ist die Austauschwechselwirkung zwischen den Neutronen, aus denen er besteht. Diese ist damit stärker als die elektrische Kraft und stärker als die Schwerkraft allemal.

Man kann zusammenfassend sagen: Gäbe es die Quantenphysik und damit die Austauschwechselwirkung nicht, so gäbe es auch keinen einzigen permanenten Magneten bei Temperaturen weit vom absoluten Nullpunkt entfernt, zum Beispiel bei Zimmertemperatur. Für den Kompass sähe es sehr schlecht aus.

Wir haben also verstanden, welche Prozesse auf Quantenebene ablaufen müssen, damit uns die Kompassnadel den Weg weisen kann, damit unsere Festplatten funktionieren und damit die Notizen am Kühlschrank haften bleiben.

Radioaktivität – der Zerfall der Materie

In der Welt der kleinsten Teilchen laufen merkwürdige Verwandlungsprozesse ab. Einer der wichtigsten hängt mit dem Zerfall mancher Atomkerne zusammen – der Radioaktivität. Sie ist ein völlig natürlicher, rein auf quantenmechanischen Regeln beruhender Vorgang, der es großen Atomkernen erlaubt, sich durch Zerfall in kleinere, stabilere Kerne zu verwandeln. Dies geschieht immer unter Energieabgabe, und zwar entweder in Form von schnellen Teilchen oder elektromagnetischer Strahlung. Man kann die radioaktiven Zerfallsprozesse zunächst einmal als eine Art Abkühlung betrachten. Die ursprünglich instabilen Atomkerne sind gewissermaßen zu heiß und erreichen durch den Zerfall eine niedrigere Temperatur und Energie. Eine niedrigere Energie bedeutet einen stabileren Zustand.

Die große Bedeutung der Radioaktivität liegt in der Freisetzung von Kernenergie während des Zerfallsprozesses. Sie wird in Kernkraftwerken genutzt, findet in medizinischen Bildgebungsverfahren und Bestrahlungsverfahren Anwendung und ist letztlich sogar ganz wesentlich für die Wärme des Erdinneren verantwortlich. Doch davon später mehr.

Hier betrachten wir zunächst einmal einen Atomkern: Er ist ein winziges Gebilde, das aber fast die gesamte Masse eines

Atoms darstellt. Wäre ein Atom so groß wie ein Fußballstadion, dann wäre der Atomkern nur so groß wie ein Reiskorn im Mittelkreis. Dieses sehr kompakte Gebilde besteht aus positiv geladenen Protonen und elektrisch neutralen Neutronen. Bis auf das Element Wasserstoff bestehen alle Kerne aus mehreren Protonen und Neutronen. In ihnen wirkt die starke Kernkraft. Diese stärkste aller physikalischen Grundkräfte hält die Atomkerne zusammen, und zwar gegen die abstoßende elektromagnetische Kraft zwischen Ladungen gleichen Vorzeichens. Ohne die Kernkraft würden die Atomkerne auseinanderfliegen, denn die Protonen stoßen sich ab. Die Kernkraft ist eine rein quantenmechanische Wirkung, sie ist nur wirksam für Teilchen, die sich in einem Atomkern befinden. In der Welt der Atome verhalten sich Teilchen allerdings nicht wie Massen, die nur in einem Punkt konzentriert sind, sondern sie besitzen Wellencharakter. Hier kommt der bereits angesprochene Welle-Teilchen-Dualismus erneut zum Tragen.

Für die Stabilität eines Atomkerns ist diese Verwandlungskunst sehr wichtig, denn ob ein Kern zerfällt oder nicht, darüber entscheidet die Anzahl der Neutronen, N. In einem neutralen Atom gibt es immer die gleiche Zahl Z von positiv geladenen Protonen im Kern und negativ geladenen Elektronen in der Atomhülle. Die Zahl N der Neutronen im Kern ist dagegen nicht fixiert. Atome mit gleichem Z, aber verschiedenem N nennt man Isotope. Um welches Element es sich jeweils handelt, darüber entscheidet nur die Anzahl Z der Protonen im Kern.

Hat ein Atomkern im Verhältnis zur Anzahl der Protonen zu viele oder zu wenige Neutronen, ist er nicht stabil. Kerne mit Neutronenüberschuss emittieren ein Elektron. Dabei wandelt sich im Kerninneren ein Neutron in ein Proton um. Die

Kernladungszahl Z nimmt um eins zu. In Kernen mit Neutronenmangel hingegen wandelt sich ein Proton in ein Neutron um, und Z nimmt um eins ab. Hierbei wird ein elektrisch positiv geladenes Teilchen abgegeben, das Positron. Es stellt das Antiteilchen zum negativ geladenen Elektron dar. Diese beiden Arten von Kernreaktionen werden als β-Zerfall bezeichnet, er ist immer mit der Abgabe leichter, elektrisch geladener Teilchen verbunden und verwandelt die Isotope unterschiedlicher Atome in stabilere Atomkerne. Der jeweilige resultierende Tochterkern wird, je nach verbliebener Neutronenzahl, so lange weiter zerfallen, bis er eine stabile Konfiguration erreicht hat.

Für die theoretische Beschreibung von Atomkernen hat sich das Modell, Kerne als Flüssigkeitströpfchen zu beschreiben, sehr bewährt. Je größer der Tropfen ist, umso instabiler ist er. Kleinere Tropfen können sich aus dem großen Tropfen so lange ablösen, bis der einen stabilen Zustand erreicht hat.

Bei den beiden β-Zerfällen entscheidet Überschuss oder Mangel an Neutronen darüber, welchen radioaktiven Zerfallsprozess der Atomkern durchläuft. Beim α-Zerfall hingegen ist die Größe des Kerns und damit die Anzahl aller Kernbausteine entscheidend. Wie bereits erwähnt, wird die Bindung der Teilchen untereinander umso schwächer, je größer der Atomkern ist beziehungsweise je mehr Protonen und Neutronen er enthält. Das Element Uran mit 238 Kernbausteinen besteht aus solch großen instabilen Atomkernen. Sie zerfallen durch die Abgabe besonders stabiler Kernbausteine, der Heliumkerne, zu Thorium mit 234 Bausteinen. Die abgegebenen Heliumkerne werden α-Teilchen genannt. Auch sie besitzen grundsätzlich quantenmechanische Welleneigenschaften, die ihren Aufenthaltsort im Kern immer unbestimmt sein lassen. Zwar ist die Wahrscheinlichkeit, dass sie sich im großen Urankern befinden, am größten, aber es gibt auch eine kleine Wahrscheinlichkeit, dass sie sich außerhalb des Einflussbereichs der Kernkraft befinden. Wiederum hilft hier die Anschauung des Atomkerns als Tröpfchen einer Flüssigkeit. Demnach kann man sich die Abgabe eines α-Kerns vorstellen wie das Verdampfen von Wassermolekülen an der Wasseroberfläche: Es entweichen die Moleküle, die eine so hohe Bewegungsenergie besitzen, dass sie nicht mehr von der Flüssigkeit festgehalten werden können. Beim α-Zerfall entspricht eine erhöhte Aufenthaltswahrscheinlichkeit außerhalb des Atomkerns einer erhöhten Energie, und die α-Teilchen können sich quasi wie kleine Tröpfchen vom viel größeren Atomkerntropfen ablösen. Auch für diesen Zerfallskanal gilt, dass die Tochterprodukte so lange zerfallen, bis ein stabiler Kernzustand erreicht ist.

Der dritte Zerfallskanal ist der γ-Zerfall. Bei ihm emittiert der Atomkern hochenergetische elektromagnetische Strahlung, eben γ-Strahlung. Sie hat noch mehr Energie als die hinlänglich bekannte Röntgenstrahlung. γ-Zerfälle treten auf, wenn sich ein Atomkern nach α- oder β-Zerfällen immer noch nicht genügend »abgeregt« hat, sondern immer noch so angeregt ist, dass er sich nur durch die Abgabe von sehr viel Energie in Form eines γ-Quants abregen kann. Dieser Zerfallskanal wird dann benutzt, wenn die Bedingungen für die beiden anderen Zerfallskanäle (Neutronenmangel oder -überschuss für den β-Zerfall, großer Atomkern mit vielen Neutronen und Protonen für den α-Zerfall) nicht erfüllt sind.

Die drei radioaktiven Zerfallsarten sind in der Natur an vielen Stellen anzutreffen. Für uns Menschen auf der Erde ist die natürliche Radioaktivität von besonderer Bedeutung, denn sie sorgt für ganz wichtige physikalische Voraussetzungen, die unsere Existenz erst ermöglichen. Zum einen sind die radioaktiven Elemente seit 4,5 Milliarden Jahren maßgeblich daran beteiligt, dass das Innere der Erde in einem glutflüssigen Zustand verblieben ist. Die durch die Zerfälle freigesetzte Kernenergie trägt erheblich zur Heizung des Erdmantels und des Erdkerns bei und unterhält damit die Bewegung der kontinentalen Platten und via Vulkanismus und Erdbewegungen den Gesteins- und Gaskreislauf auf unserem Planeten. Ohne die durch die radioaktiven Elemente Uran, Thorium und Kalium freigesetzte Wärme wäre unser Planet schon längst ein kalter, toter Brocken im Weltraum ohne Leben.

Natürlich darf hier nicht ein Hinweis auf die zerstörerische Kraft der Radioaktivität fehlen. Einige der großen Forscherinnen und Forscher, die als Erste die Zerfallsprozesse untersuchten, fielen ihr zum Opfer. Die von zerfallenden Kernen abgegebenen schnellen Teilchen zerstören organisches Gewebe und sogar das Erbgut in den Zellen. Ein α-Teilchen, das mit der 100 000-fachen Geschwindigkeit eines ICE durch Zellen rast, kann ungeheuren Schaden anrichten. Andererseits können schnelle Atomkerne, sehr gezielt auf Tumorzellen geschossen, Leben retten. Von den atomaren Vernichtungswaffen soll hier nicht die Rede sein, zum Abschluss lediglich ein Satz von Albert Schweitzer (1875–1965) »Wir leben in einem gefährlichen Zeitalter. Der Mensch beherrscht die Natur, bevor er gelernt hat, sich selbst zu beherrschen.«

Fusionsreaktoren

Menschen benötigen Energie. Dabei stehen wir vor zwei großen Problemen: Einerseits steigt die Menge an Energie stetig weiter, die der Einzelne für sich verbraucht, andererseits bringt der rasante industrielle Fortschritt vor allem von bevölkerungsreichen Entwicklungsländern enorme Steigerungen des weltweiten Energiebedarfs mit sich. Die derzeitigen Hauptenergiequellen, Öl und Kohle, sind begrenzt, und ihre Nutzung ist äußerst problematisch für die Umwelt. Für Kernspaltungsreaktoren gilt Ähnliches. Daher ist der Druck auf die Menschheit groß, denn der Klimawandel wie auch die Rohstoffknappheit werden nur durch tiefgreifende Maßnahmen zu stoppen sein.

Eine der dafür infrage kommenden Technologien, die allerdings vor einer großflächigen technischen Umsetzung noch weiter erforscht werden muss, ist die Kernfusion, die Verschmelzung von Atomkernen. Sie stellt in der Natur eine äußerst elegante und effiziente Energiequelle dar, sie lässt die Sonne und alle anderen Sterne leuchten, was für unsere Existenz unabdingbar ist.

Bei der Kernfusion verschmelzen zwei leichte Kerne zu einem schwereren, dabei wird Energie freigesetzt. Dieser Prozess wird dadurch erschwert, dass die positiv geladenen Atomkerne sich elektrisch abstoßen; nur zwei mit genug Schwung aufeinander zufliegende Kerne können »zusammenkleben«. Es gibt in Sternen viele verschiedene Fusionsprozesse, vor allem die schrittweise Fusion von Protonen zu Helium. Protonen haben aber für ihre geringe Masse eine große Ladung, die resultierende abstoßende Kraft lässt diesen Prozess zu ineffizient für eine technische Realisierung auf der Erde werden. Stattdessen werden Deuterium und Tritium verwendet, die bei gleicher Ladung doppelt respektive dreimal so schwer sind; Ersteres ist ein Kern, bestehend aus einem Proton und einem Neutron, Letzteres hat noch ein zusätzliches Neutron. Je schwerer ein Kern ist, desto weniger wird er durch die elektrische Abstoßung beeinflusst.

Damit zwei Atomkerne fusionieren können, müssen sie sich so nahe kommen, dass die starke Kraft – die zwischen Kernbausteinen wirkt – mit ihrer kurzen Reichweite zupacken und die Kerne dauerhaft zusammenhalten kann. Diese Kraft ist für die Stabilität aller Atomkerne verantwortlich.

Um zwei Kerne einander nahe genug zu bringen, muss man sie vor allem schnell genug aufeinander zurasen lassen, sodass sie sich trotz der Abstoßung erreichen können. Geschwindigkeit entspricht bei großen Teilchenzahlen der Temperatur. Mit anderen Worten: Die Kerne müssen stark genug aufgeheizt werden, damit sie fusionieren können. Sind erst einmal genug Fusionsprozesse im Gange, heizt die dabei frei werdende Energie die Kerne weiter, die Fusion wird stabil.

Unglücklicherweise sind die dafür benötigten Temperaturen viel zu hoch, als dass man sie in großem Maßstab erreichen könnte. Der Ausweg wird durch die Quantenmechanik geliefert, die Kerne überbrücken die Distanz zu ihren Nachbarn mithilfe des quantenmechanischen Tunneleffekts, der ganz auf der quantenmechanischen Ortsunschärfe beruht. Diese Unbestimmtheit im Ort bewirkt nämlich, dass eben der Aufenthaltsort von Atomkernen nie auf einzelne, exakte Orte festzulegen ist, sondern sich stets über ein gewisses Volumen verteilt. Dieses Volumen kann Tausende Male größer sein als das, welches ein Atomkern laut der klassischen Physik einnimmt. Anders ausgedrückt: Die Wellenfunktion der Kerne hat eine gewisse Breite, was den Ort, an dem sich ein Kern finden lässt, unbestimmt macht.

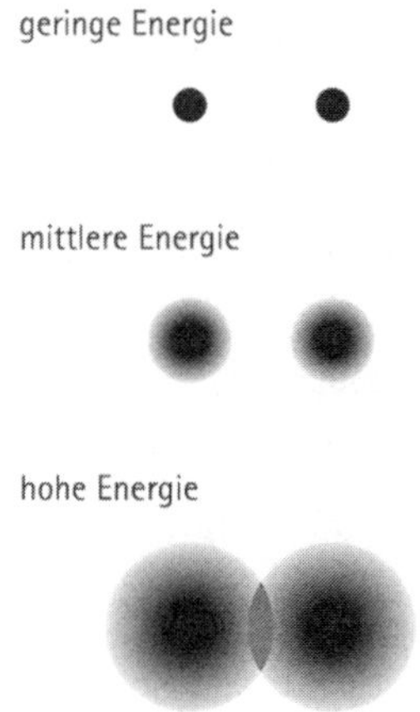

Abbildung 14: Unscharfe Kerne, wachsende Volumina

Durch das vergrößerte Volumen befinden sich die Kerne in einem Gas deutlich dichter aneinander als zuvor angenommen. Die Quantenmechanik erlaubt sogar eine Überlappung von Wellenfunktionen, es besteht also die Möglichkeit, dass sich zwei oder auch mehrere Kerne gleichzeitig am gleichen Ort oder zumindest sehr nahe beieinander befinden.

Somit wird die für eine stabile Fusion benötigte Temperatur gesenkt: Da sich die Kerne nun nicht mehr ganz so nahe kommen müssen, weil die Quantenmechanik für den Rest des Weges sorgt, reicht eine geringere Ausgangsgeschwindigkeit aus. Die resultierende Mindesttemperatur für die experimentellen Bedingungen ist zwar mit etwa 100 Millionen Grad immer noch sehr hoch, aber dennoch mit vertretbarem Aufwand erreichbar.

Als Resultat der Verschmelzung von Deuterium und Tritium entsteht ein Kern mit zwei Protonen und drei Neutronen; dieser ist instabil und zerfällt beinahe noch im Moment seiner Entstehung in einen Heliumkern mit je zwei Protonen wie Neutronen und ein einzelnes hochenergetisches Neutron.

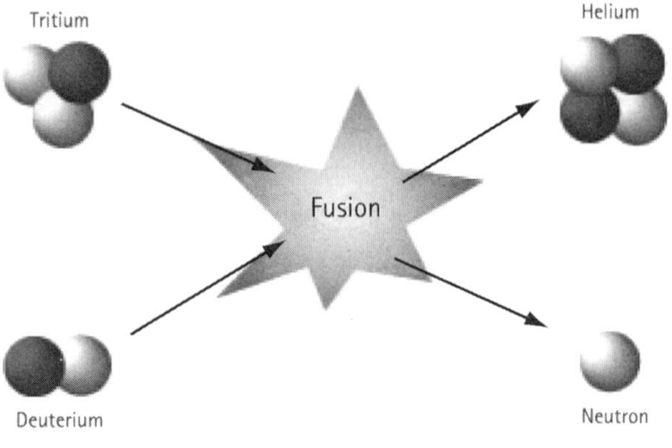

Abbildung 15: Bildliche Reaktionsgleichung der Deuterium-Tritium-Fusion

Neben dem Tunneleffekt gibt es einen zweiten Bereich der Quantenmechanik, der für die Fusion von großer Bedeutung ist, da er ihr die Gewinnung von Energie ermöglicht: Um in einem Kraftwerk (siehe Abbildung 16) Energie zu erzeugen und außerdem die übrigen Kerne heizen zu können, muss der einzelne Fusionsprozess einen Überschuss an Bewegungsenergie und somit Temperatur erwirtschaften. Ähnlich den Elektronen in den Schalen eines Atoms beschreibt die Quantenmechanik auch die Protonen und Neutronen in einem Kern durch ein Modell aus Energieniveaus. Im Gegensatz zu den Kernen von Deuterium und Tritium liegen diese Niveaus beim Heliumkern besonders tief – bei seiner Bildung kann Bindungsenergie der Kerne in Bewegungsenergie umgewandelt werden.

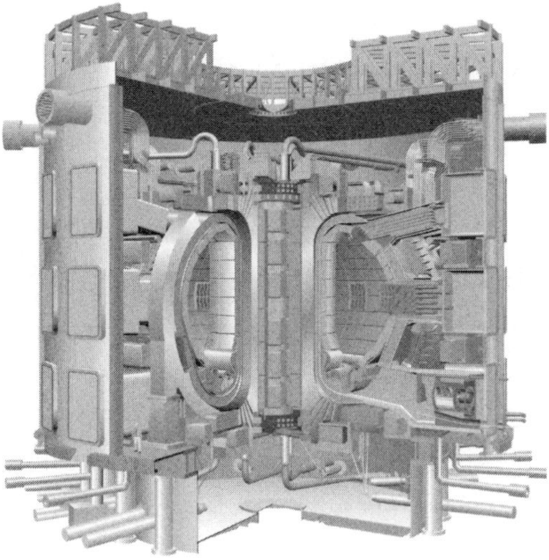

Abbildung 16: Internationaler Testreaktor ITER

In der Praxis jedoch benötigt man sehr viele Atomkerne, die es räumlich zusammenzuhalten gilt, und dies bei sehr hohen Temperaturen. Dies ist das große Ziel der Fusionsforschung: Während in einem Stern die Kerne durch ihr eigenes Gewicht in einem Volumen gehalten werden, in welches unser Planet millionenfach passen würde, sind einem Fusionsreaktor räumliche Grenzen gesetzt. Daher benutzt man Magnetfelder, um die Kerne in einem Vakuum einzusperren und dadurch ihren Kontakt mit der metallenen Reaktorwand zu verhindern, deren Temperatur maximal bei wenigen Tausend Grad liegt.

Die Ausgangsstoffe, Deuterium und Tritium, sind einfach und in großen Mengen zu beschaffen: Deuterium ist im Meerwasser enthalten, Tritium lässt sich durch Beschuss mit den Neutronen der Fusionsreaktion aus Lithium gewinnen, welches man in der Erdkruste finden kann. Das Risiko einer unkontrollierten Kettenreaktion, einer Reaktorschmelze, wie bei der Kernspaltung besteht nicht. Ebenso erzeugt der Elementarprozess der Fusion keinen radioaktiven Abfall. Die Kernfusion ist eine standortunabhängige, saubere Energiequelle, deren natürliche Treibstoffvorräte die Menschheit auf Millionen von Jahren mit Energie versorgen könnte.

Leider aber ergeben sich seit Jahrzehnten Probleme unterschiedlichen Charakters bei der Umsetzung der Kernfusion in die technische Wirklichkeit. Insbesondere die Isolierung der mehr als 100 Millionen Kelvin heißen Plasmen in magnetischen Einschlussfeldern ist nach wie vor nicht befriedigend gelöst. Mit anderen Worten, es ist bis heute nicht gelungen, eine solche Plasmaentladung über Minuten oder gar Stunden stabil zu halten und damit eine kontinuierliche Umwandlung der bei der Fusion frei werdenden Energie in elektrische Energie zu verwirklichen. Außerdem sind noch wichtige Fragen zur Materialbeschaffenheit der Einschlusskammern bis heute ungelöst. Dies sind nur einige grundlegende wissenschaftliche Problemfelder, die hoffentlich vom Forschungsreaktor ITER (siehe Abbildung 16) insoweit gelöst werden, dass in der nächsten Generation DEMO tatsächlich ein Fusionskraftwerk kontinuierlich Energie liefert. Bis dahin wird wohl noch ein halbes Jahrhundert vergehen.

Atomuhren – Quantenmechanik am Puls der Zeit

Die Zeit – Messgröße und Mysterium. Einerseits Taktgeber der Welten, andererseits ein Phantom. Wir können sie nicht fassen, aber irgendwie können wir sie nutzen, verstreichen lassen oder, in ganz schlimmen Fällen, sogar totschlagen.

Um ihre Angelegenheiten und Tätigkeiten organisieren zu können, hat die Menschheit schon vor Jahrtausenden begonnen, die Zeit zu messen. Diese ersten Messungen orientierten sich an Tag und Nacht, an den Phasen des Mondes sowie an der Bewegung der Sterne am Nachthimmel im Laufe eines Jahres. Im Verlauf der Geschichte erwies es sich dann als nötig, die Zeit immer genauer zu bestimmen, und so traten irgendwann mechanische und zuletzt elektronische Uhren an die Stelle des Sonnenstandes oder der Mondphasen.

Alle diese Methoden haben einen sehr grundlegenden Gedanken gemeinsam: Man kann Zeit dadurch bestimmen, indem man zählt, wie oft sich ein regelmäßig wiederkehrender Vorgang in einem Zeitabschnitt wiederholt. Wenn die Sonne einmal auf- und untergeht, ist ein ganzer Tag vergangen. Ist die Sonne 365-mal auf- und untergegangen, ist ein ganzes Jahr vergangen. Ist das Pendel einer Uhr einmal hin- und hergeschwungen, ist eine Sekunde vergangen. Ist dies 60-mal geschehen, ist eine Minute vergangen.

Der gesamten modernen Zeitmessung liegt eine einzige, aber sehr wichtige Frage zugrunde: Wie lang ist eine Sekunde? Die Sekunde ist die Basis unserer Zeiteinteilung. 60 Sekunden sind eine Minute, 3600 Sekunden eine Stunde, 86 400 Sekunden ein Tag und so weiter. Die Dauer einer Sekunde so genau wie möglich zu kennen, ist in weiten Bereichen der modernen Technik unverzichtbar. Und dies ist der entscheidende Punkt bei der Auswahl eines Messverfahrens: Wie genau ist »so genau wie möglich«? Welche Genauigkeit ist machbar?

Wie bereits gesagt, ist der Grundgedanke bei der Messung von Zeit, wiederholte Vorgänge abzuzählen. So kann man im Prinzip eine Uhr mit einem schnell schwingenden Pendel nehmen und festlegen, »zehn Schwingungen dieses Pendels sind eine Sekunde«. Weil in diesem Fall das Pendel zehnmal pro Sekunde schwingt, ist also nach jedem Pendelschwung eine Zehntelsekunde vergangen. Diese Uhr kann somit die Zeit in etwa auf eine Zehntelsekunde genau messen. Zum Vergleich: Die relative Genauigkeit einer typischen Quarzuhr liegt bei ungefähr 10^{-5}, sie geht also nach einem Monat etwa um eine halbe Minute falsch. Aber auch diese Genauigkeit ist in vielen Fällen noch nicht ausreichend. Aus diesem Grunde macht sich die Wissenschaft seit den 1950er-Jahren die physikalischen Eigenschaften der Atome zur Messung der Zeit zunutze.

Atome sind komplexe Gebilde mit mehreren Komponenten. Sie bestehen bekanntermaßen aus einem kleinen Kern – der sich wiederum aus Protonen und Neutronen zusammensetzt – sowie einer ausgedehnten Hülle aus Elektronen, die den Kern umgibt. Alle Bestandteile eines Atoms – Protonen, Neutronen, Elektronen – besitzen einen Drehimpuls oder Drall, den Spin, der jeweils den Wert ½ hat. Darüber hinaus bewegen sich die Elektronen auf bestimmten Bahnen um den Kern und besitzen demzufolge einen Bahndrehimpuls, der die Werte 1, 2, 3 und so fort annehmen kann. Andere Werte sind nicht möglich; dies ist eine Folge des Prinzips der Quantisierung.

Alle Teilchen, die ein Atom ausmachen, besitzen Magnetfelder. Die Bewegung des Elektrons um den Atomkern erzeugt ein weiteres, dieser speziellen Bahn zugehöriges Magnetfeld. Teilchen mit Magnetfeldern können sich, je nach Orientierung der Felder, gegenseitig anziehen oder abstoßen, drehen oder kippen. Und das hat eine interessante Konsequenz: Durch magnetische Wechselwirkung können sich die einzelnen Bahndrehimpulse und Spins aneinanderkoppeln. Das Ergebnis ist ein kombinierter Gesamtspin. Welchen Zahlenwert dieser Gesamtspin hat, hängt davon ab, ob sich die beiden beteiligten Teilchen in dieselbe Richtung (das heißt parallel zueinander) drehen oder gegenläufig (antiparallel zueinander).

In einem Atom passiert nun Folgendes: Die Spins und Bahndrehimpulse der Elektronen verbinden sich zu einem Elektronen-Gesamtspin. Auch die Spins der Protonen und Neutronen koppeln sich zu einem gemeinsamen Kernspin zusammen. Und diese beiden Spins wiederum bilden gemeinsam den Atom-Gesamtspin.

Je nachdem, wie die einzelnen Spins aneinanderkoppeln, kann der Gesamtspin eines Atoms unterschiedliche Zahlenwerte annehmen. Im Falle des Elements Cäsium, das in Atomuhren Verwendung findet, kann der Spin im Grundzustand (also ohne Störungen von außen, beispielsweise Kollisionen mit anderen Atomen) die Werte 3 oder 4 annehmen. Jeder dieser beiden Werte entspricht einem bestimmten Energieniveau des Atoms; die beiden Spinzustände unterscheiden sich also dadurch, dass zwischen ihnen ein kleiner Unterschied in der Energie des Atoms besteht.

Unter bestimmten Umständen kann ein Cäsiumatom gerade genau so viel Energie aufnehmen oder abgeben, wie es dem Unterschied der beiden Energieniveaus entspricht. Die Aufnahme von Energie geschieht durch Aufnahme eines Photons, also eines Lichtteilchens. Umgekehrt muss ein Atom ein Photon abstrahlen, um Energie abzugeben. Der Welle-Teilchen-Dualismus der Quantenphysik ermöglicht es allerdings, Licht sowohl als Teilchen als auch als Strahlung zu betrachten. Im Falle des Cäsiums entspricht der zu überwindende Energieunterschied der Energie von Mikrowellenstrahlung mit einer Frequenz von 9 192 631 770 Hertz, also 9 192 631 770 Schwingungen pro Sekunde. Somit ist es möglich, sehr genau zu testen, ob die Strahlung eines Mikrowellensenders diese Frequenz hat: Wird die Strahlung von Cäsiumatomen aufgenommen und ändert sich dabei der Gesamtspin der Atome von 3 auf 4, hat die Strahlung die Frequenz 9 192 631 770 Hertz. Wird die Strahlung nicht aufgenommen, ist die Frequenz leicht verschieden, und der Sender muss neu eingestellt werden.

Nach diesem Prinzip lässt sich nun eine sehr genaue Uhr konstruieren. Hierzu legt man die Dauer der Sekunde folgendermaßen fest: Eine Sekunde ist die Zeit, in der Mikrowellenstrahlung mit der Energie des Unterschieds zwischen den Gesamtspins 3 und 4 eines Cäsiumatoms 9 192 631 770-mal schwingt. Dies ist die offizielle physikalische Definition der Sekunde. Die Mikrowellenstrahlung ist also das Pendel unserer Uhr, Cäsiumatome sind das Werkzeug, es einzustellen. Und beides zusammen ergibt unsere Atomuhr.

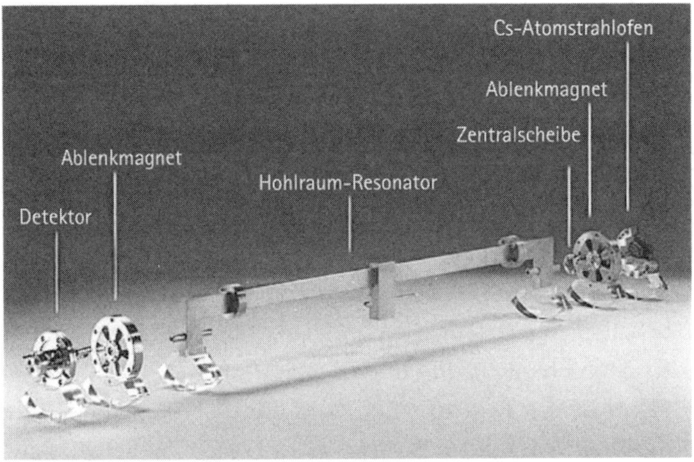

Abbildung 17: Die entscheidenden Bauteile einer Atomuhr. In einem sogenannten Atomstrahlofen (ganz rechts im Bild) wird eine Cäsiumwolke freigesetzt. Die Atome bewegen sich nach links und passieren den ersten Magneten, der die Atome nach Spins (3 oder 4) sortiert. Atome mit Gesamtspin 3 können passieren und durchfliegen einen Resonator, in dem sie mit Mikrowellen bestrahlt werden. Am anderen (linken) Ende des Resonators befindet sich der zweite Magnet, der die Cäsiumatome erneut nach ihren Spins sortiert. Atome mit Gesamtspin 4 erreichen einen Detektor (ganz links im Bild), der die ankommenden Atome abzählt. Falls viele Atome ankommen, ist die Uhr im Takt; falls nicht, muss die Frequenz der Mikrowellenstrahlung justiert werden.

In dieser Atomuhr geschieht nun Folgendes: Ein Strahl Cäsiumdampf wird freigesetzt. In der Dampfwolke befinden sich sowohl Atome mit Gesamtspin 3 als auch solche mit Gesamtspin 4. Mithilfe starker Magnetfelder werden die Atome mit Gesamtspin 4 abgetrennt, es bleibt also eine Wolke von Atomen mit Gesamtspin 3 zurück. Diese Wolke zieht durch eine Metallkammer, in die ein Sender Mikrowellen einstrahlt. Am anderen Ende der Mikrowellenkammer befinden sich erneut Magnete, die wiederum alle Atome mit Gesamtspin 4 magnetisch abtrennen und auf einen Detektor leiten. Dieser Detektor zählt die ankommenden Atome. Werden nun viele Atome gezählt, bedeutet das: Beim Durchfliegen der Mikrowellenkammer haben viele Atome ihren Gesamtspin von 3 auf 4 geändert. Die Mikrowellenstrahlung ist somit von den Atomen aufgenommen worden, sie muss also die richtige Frequenz haben. Werden hingegen nur wenige oder keine Atome gezählt, haben die meisten Atome ihren vorherigen Spin von 3 behalten, der Mikrowellensender arbeitet noch nicht mit der korrekten Frequenz und muss nachjustiert werden.

Dies ist das Prinzip einer Atomuhr. Ihr »Pendel« ist die Mikrowellenstrahlung: Nach jeweils 9 192 631 770 Schwingungen rückt ihr Sekundenzeiger um eine Sekunde vor. Da jede noch so kleine Abweichung von diesem Takt sehr schnell auffällt, kann eine Atomuhr extrem präzise arbeiten: mit einer Genauigkeit von etwa 10^{-15}. Anders gesagt: Eine Cäsium-Atomuhr geht erst nach 30 Millionen Jahren um eine Sekunde falsch.

Das quantenmechanische Geheimnis der Festkörper

In welcher Welt würden wir leben, gäbe es keine Festkörper? Alles um uns herum, inklusive unser selbst, würde erbarmungslos in sich zusammenfallen und zu einer riesigen Suppe zerfließen. Nicht vorzustellen, mit launischen Mitmenschen in einer einzigen, alles umgebenden Brühe zu schwimmen. Aber zum Glück ist dem nicht so, denn die Natur teilt unsere Welt in drei unterschiedliche Arten der Existenz auf: fest, flüssig und gasförmig, zumindest von unserem makroskopischen Standpunkt aus gesehen. Mikroskopisch, also quantenmechanisch, besteht alles aus Atomen, die sich aus dem Atomkern und den umherschwirrenden Elektronen zusammensetzen. Hier ist aber noch lange kein Ende in Sicht, denn der Atomkern, vertreten durch Protonen und Neutronen, ist insgeheim durch noch winzigere Bauteilchen, die Quarks, aufgebaut. Daher ist es auch nicht weiter verwunderlich, dass die genauen Eigenschaften der festen Körper aus einer auf der Quantenmechanik beruhenden Beschreibung folgen, dem sogenannten Bändermodell der Festkörper.

Allgemein lassen sich Festkörper in drei unterschiedliche Kategorien einteilen: Leiter, Halbleiter und Isolatoren. Die Leiter, wie zum Beispiel Metalle, leiten den elektrischen Strom sehr gut, wohingegen die Isolatoren den Strom blockieren. Die Ursachen für diesen Unterschied kann erst die Quantenmechanik erklären. Sie ermöglicht es, die Eigenschaften zu verstehen und feste Materialien in diese drei Kategorien einzuordnen.

Die quantenmechanische Beschreibung des Atoms führt nun zu einem Modell, welches dem Elektron eine feste Anzahl von Energiewerten, die Energieniveaus, vorschreibt. Ein Elektron befindet sich demnach in einem bestimmten Zustand mit einer zugehörigen Energie. Es kann zwischen den Energieniveaus unter Aufnahme oder Abgabe von Energie in Form von Photonen hin und her springen, es kann sich aber nicht zwischen ihnen aufhalten. Diese Besonderheit, die als Quantisierung physikalischer Messgrößen bezeichnet wird, ist mit

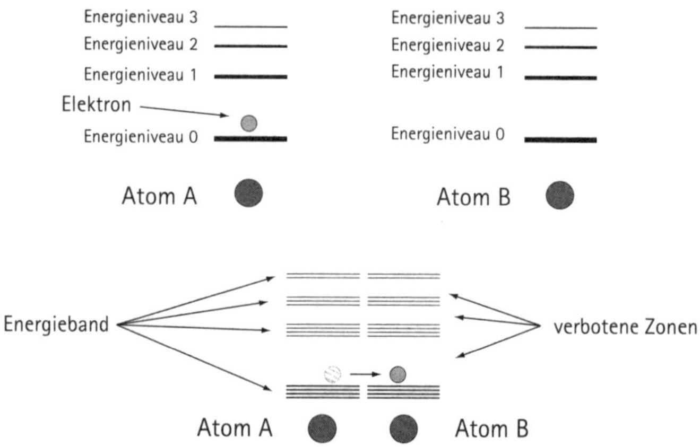

Abbildung 18: Oben: Beide Atome sind weit genug voneinander entfernt, die Energieniveaus werden noch nicht durch die Wechselwirkung beeinflusst. Unten: Rücken die Atome näher zusammen, so bewirkt die Wechselwirkung der Atome untereinander eine Aufspaltung oder Auffächerung der Energieniveaus zu einem Energieband. Das Elektron beginnt, von Atom zu Atom zu wandern.

unserer makroskopischen Welt nicht zu vergleichen, es ist eine Eigenschaft der Quantenmechanik.

Ein Festkörper besteht natürlich aus sehr vielen Atomen, die miteinander wechselwirken und sich dadurch verbinden. Man kann sich die Atome im gleichen Abstand voneinander entlang eines Gitters angeordnet vorstellen.

Betrachten wir nun ein einzelnes Elektron: Wenn die Atome genügend weit voneinander entfernt sind, wird es sich bei einem beliebigen Gitteratom in einem bestimmten Energiewert befinden. Da dieser Energiewert, egal bei welchem Atom es sich nun aufhält, überall gleich ist, spricht man auch von einem entarteten Energieniveau. Bringt man nun die Atome näher zusammen, so beginnt das Elektron, von Atom zu Atom zu wandern. Die Wechselwirkung der Atome untereinander beeinflusst jedoch die verschiedenen Energieniveaus der Einzelatome. Ein solches Niveau wird sich aufspalten oder auffächern zu einem Energieband.

Ist diese Aufspaltung geringer als der ursprüngliche Abstand zum nächsten Niveau, so entstehen Lücken (siehe Abbildung 18). Man erhält also verschiedene Energiebänder mit den entsprechenden Lücken dazwischen, wobei das unterste Band aus dem Niveau des schwächsten gebundenen Elektrons entsteht. Das darüberliegende Band dagegen entspricht dem ersten angeregten Niveau und so weiter.

Noch einmal ein Schritt zurück: Ein einzelnes Atom besitzt eine Anzahl diskreter Energiewerte oder Energieniveaus. Bei Annäherung an ein anderes Atom spalten sich diese einzelnen Niveaus in Bänder auf, wobei sich zwischen den einzelnen Bändern sogenannte Energielücken, auch verbotene Zonen genannt, befinden können, in denen sich Elektronen nicht aufhalten können.

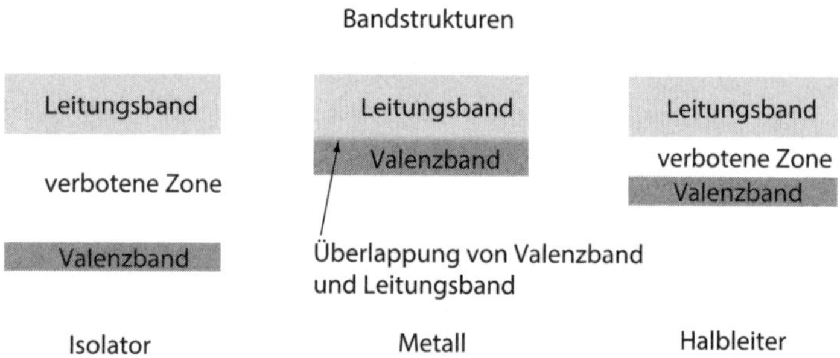

Abbildung 19: Links: Die Bandstruktur eines Isolators. Das Elektron kann die verbotene Zone nicht überwinden, daher ist eine elektrische Leitung nicht möglich. Mitte: Das Valenzband und das Leitungsband überlappen sich. Ein Übergang des Elektrons ist ohne Weiteres möglich, und daher ist eine gute Leitfähigkeit gegeben. Rechts: Die Bandstruktur des Halbleiters. Durch thermische Anregung kann das Elektron genügend Energie aufnehmen, um die verbotene Zone zu überwinden. Die Leitfähigkeit ist daher temperaturabhängig.

Die genaue Anordnung der Bänder führt dann zu den unterschiedlichen Eigenschaften fester Stoffe. Die einzelnen Bandstrukturen und die entsprechende Einteilung sind in Abbildung 19 zu sehen.

Das unterste Band wird als Valenzband bezeichnet und das darüberliegende als Leitungsband. Um ein Elektron aus dem Valenzband ins Leitungsband anheben zu können, ist Energie notwendig, beispielsweise durch Anlegen einer Spannung. Diese aufgenommene Energie muss aber größer sein als die Energiedifferenz der Bandlücke. Ist dies nicht möglich, dann spricht man von einem Isolator. Überlappen sich das Leitungs- und das Valenzband, ist ein Übergang also leicht möglich, man hat einen Leiter. Bei den Halbleitern ist die Bandlücke relativ klein, sodass bei großen Temperaturen Valenzelektronen thermisch angeregt werden und ins Leitungsband gelangen können. Sie hinterlassen freie Stellen (Löcher) im Valenzband, die wie positive Ladungen erscheinen.

Diese verschiedenen Eigenschaften der Festkörper finden in vielerlei Hinsicht Verwendung. Eine wichtige Anwendung der Halbleiter im Hinblick auf alternative Energien ist die Solarzelle. Aber auch in anderen Bereichen, wie in der Informationstechnik, ist auf die Halbleiter nicht zu verzichten.

Laser – Quantenlicht

Ein hervorragendes Beispiel für die massenhafte praktische Nutzung der eigentlich so theoretisch erscheinenden Konzepte der Quantenphysik ist der Laser. Laser finden in vielfacher Form Anwendung in unserem Alltag und sind eine bedeutende Säule unserer heutigen Technologie. Für weite Bereiche der modernen Industrie ist der Einsatz von Lasern zur Materialbearbeitung unverzichtbar. Laser ermöglichen es, Werkstücke mit ansonsten nicht erreichbarer Präzision zu schneiden und zu schweißen, mikroskopisch kleine Muster zu formen und Oberflächen zu bearbeiten.

Auch in der Medizin finden Laser Verwendung, und zwar derart ausgiebig, dass sie einer ganzen Fachrichtung ihren Namen gegeben haben: der Laserchirurgie. Hierbei werden Laser für Operationen eingesetzt, bei denen höchste Präzision erforderlich ist, insbesondere bei Augenoperationen.

Ob in Laserpointern, optischen Laufwerken, an Supermarktkassen, wir alle haben es praktisch täglich mit Lasern zu tun. Schon eine flüchtige Betrachtung zeigt also, dass der Laser eine wesentliche Bereicherung unseres Lebens darstellt, und zwar durchaus in mehrfachem Sinne: Lasertechnologie ist ein Milliardengeschäft.

Betrachten wir zunächst den Namen selbst. »LASER« ist die

Abkürzung der englischen Bezeichnung *Light Amplification by Stimulated Emission of Radiation*, deutsch »Lichtverstärkung durch stimulierte Emission von Strahlung«. Der Name ist Programm, denn diese Bezeichnung enthält – allerdings in einer extrem komprimierten Form – alle grundlegenden Konzepte des Laserprinzips.

Die Funktion eines Lasers stützt sich auf zwei elementare Prinzipien der Quantenmechanik: die Quantisierung von Energie und den Welle-Teilchen-Dualismus. Diese beiden Grundregeln haben zur Folge, dass sich die Elektronen in der Elektronenhülle eines Atoms auf voneinander abgegrenzten Energieniveaus befinden. Ein Elektron kann zwischen zwei unterschiedlichen Energieniveaus hin- und herspringen, indem es entweder fehlende Energie in Form eines Photons aufnimmt oder überschüssige Energie in Form eines Photons abstrahlt. Von sich aus sind die Elektronen bestrebt, den Zustand geringster Energie anzunehmen, also sich auf das tiefstmögliche Niveau zu begeben. Dies ist allerdings nur teilweise möglich, da – aufgrund des Ausschlussprinzips nach Pauli – in einem Atom auf jedes Niveau nur eine ganz bestimmte Anzahl von Elektronen passt; jene, die auf dem niedrigeren Niveau keinen Platz mehr finden, müssen mit dem nächsthöheren vorliebnehmen. Wie wahrscheinlich ein solcher Übergang zwischen Niveaus ist, also wie oft oder selten er geschieht, ist von Element zu Element und Niveau zu Niveau unterschiedlich.

Diese Aufnahme und Abgabe von Photonen durch Elektronen wird nun im Laser ausgenutzt. Gelingt es nämlich, in vielen Atomen eines geeigneten Materials – zum Beispiel in Rubinkristallen, aber auch in bestimmten flüssigen Farbstoffen oder Gasen – die jeweiligen Elektronen eines speziellen, höheren Niveaus gleichzeitig zum Sprung auf dasselbe niedrigere Niveau zu veranlassen, so emittieren alle diese Elektronen Photonen gleicher Energie. Eine bestimmte Energie entspricht aber einer bestimmten Lichtwellenlänge. Somit besitzen alle Photonen, die bei diesem speziellen Übergang entstehen, dieselbe Wellenlänge. Photonen gleicher Wellenlänge können nun miteinander interferieren, das heißt, sie können sich gegenseitig verstärken und zu einer einzelnen, sehr starken Lichtwelle überlagern (konstruktive Interferenz).

Allerdings stellt sich nun natürlich die Frage, wie genau man Elektronen zu einem derartigen Synchronsprung veranlassen kann. Hierbei kommt uns ein physikalisches Phänomen zu Hilfe, das als stimulierte Emission bezeichnet wird. Bewegt sich nämlich ein Photon durch die Elektronenhülle eines Atoms, wobei das Photon zufällig exakt die Energie besitzt, die genauso groß ist wie der Energieunterschied zwischen zwei Niveaus, so wird ein Elektron auf dem oberen Niveau dazu angeregt – stimuliert –, auf das untere Niveau herunterzuspringen. Bei diesem Übergang wird vom Elektron ein Photon abgestrahlt, dessen Wellenlänge genauso groß ist wie die Wellenlänge des Photons, das diesen Vorgang ausgelöst hat und das sich in dieselbe Richtung bewegt wie das erste Photon.

Dieses sehr fundamentale Konzept der stimulierten Emission ermöglicht überhaupt erst die Abstrahlung von Laserlicht, und zwar nach folgendem Schema: Passiert ein Photon mit der richtigen Energie ein Elektron auf dem oberen Niveau, wird dieses dazu angeregt, auf das untere Energieniveau zu springen. Dabei wird ein weiteres Photon derselben Wellenlänge freigesetzt, das wieder andere Elektronen zum Sprung veranlasst, und so fort.

Allerdings besagt die Statistik der Atomphysik, dass sich im Mittel auf einem Energieniveau umso weniger Elektronen aufhalten, je höher es gelegen ist. Im Falle unserer zwei Energieniveaus bedeutet das also: Ein Photon, das stimulierte Emission bewirken könnte, wird eher von einem Elektron auf dem unteren Niveau absorbiert – welches dann auf das obere Niveau springt – und somit ganz verschwinden, als dass es ein Elektron zur Emission anregt.

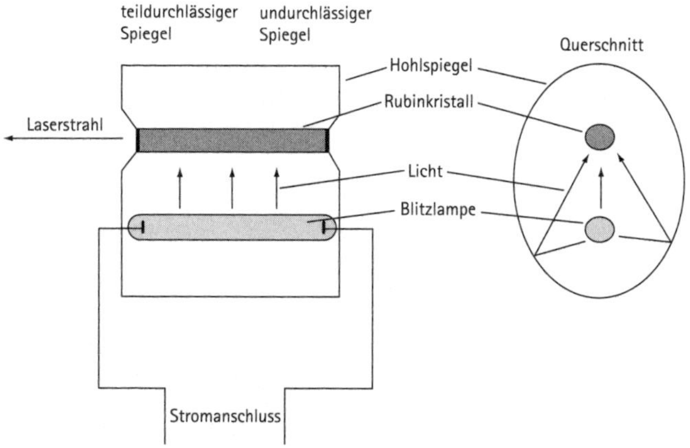

Abbildung 20: Schemazeichnung eines Lasers.
Links ist die Apparatur im Längsschnitt, rechts im Querschnitt dargestellt. In den beiden Brennpunkten eines elliptischen Hohlspiegels befinden sich eine Blitzlampe und ein Röhrchen des laseraktiven Materials. An den beiden Enden des Lasermaterials, hier einem Rubinkristall, befinden sich zwei Spiegel: ein normaler, undurchlässiger sowie ein teildurchlässiger. Durch die Blitzlampe wird in dem Rubinkristall eine Besetzungsinversion hervorgerufen. Dadurch wird kohärentes Licht abgegeben, das zwischen den Spiegeln hin- und herreflektiert und dadurch verstärkt wird. Ein kleiner Teil des Lichtes, etwa 10 %, entkommt durch den teildurchlässigen Spiegel nach außen und formt den Laserstrahl.

Damit nun überhaupt ein starker Lichtstrahl entstehen kann, ist es nötig, nicht zwei, sondern drei Energieniveaus zu berücksichtigen. Diese drei Niveaus müssen auch noch so beschaffen sein, dass ein Übergang vom oberen auf das mittlere viel häufiger geschieht als vom oberen auf das untere und vom mittleren auf das untere. Eine derartige Anordnung von Energieniveaus hat eine entscheidende Eigenschaft: Mit ihr kann man die übliche Verteilung der Elektronen – je höher, desto weniger – für kurze Zeit auf den Kopf stellen. Bestrahlt man nämlich das Lasermaterial intensiv und schnell genug mit Licht, das den Übergang von Elektronen vom unteren auf das obere Energieniveau bewirkt, zum Beispiel indem man eine Blitzlampe verwendet, die schnell genug blitzt, dann führt dies zu einer vorübergehenden Ansammlung fast aller Elektronen auf dem mittleren Niveau. Dieser Zustand wird als Besetzungsinversion, also Besetzungsumkehrung, bezeichnet.

Abbildung 21: Ein Lasersystem im Labor. Diese komplexe Apparatur aus mehreren Hilfslasern und zusätzlichen Optiken wurde für den Einsatz in der Astronomie gebaut. Der Laserstrahl selbst ist in der linken Hälfte der Apparatur erkennbar.

Abbildung 22: Ein Laser als künstlicher Stern. Der Laserstrahl wird von einem Teleskop an den Nachthimmel geworfen und beleuchtet einen kleinen Fleck in der Atmosphäre. Mit diesem »Laserleitstern« werden Turbulenzen in der Atmosphäre vermessen, um durch computergestützte Kompensation astronomische Bilder höherer Qualität zu gewinnen.

Und damit ist es vollbracht: Bewegt sich nämlich nun ein zufällig freigesetztes Photon der richtigen Wellenlänge durch die atomaren Elektronenhüllen (wie es in jedem Material millionenfach pro Sekunde geschieht), trifft es mit viel größerer Wahrscheinlichkeit auf ein Elektron auf dem mittleren Niveau, das es zum Übergang auf das untere Niveau anregt, als auf ein Elektron auf dem unteren Niveau, das das Photon absorbiert. Da jedes Elektron, das auf das untere Niveau springt, ein Photon mit derselben Wellenlänge wie das auslösende Photon aussendet, kommt es durch stimulierte Emission zur schnellen Abstrahlung einer sehr großen Zahl von Photonen, man erhält eine Photonenlawine. Alle diese Photonen interferieren konstruktiv und verbinden sich zu einer starken Lichtwelle. Wenn man diesen Vorgang in einer geeigneten Apparatur durchführt, erhält man als Ergebnis einen starken, scharf gebündelten Lichtstrahl. Dies ist unser Laserstrahl.

Verwandlung von Licht in Strom – die Solarzelle

Was passiert, wenn die Stromversorgung ausfällt? Chaos bricht aus! Sehr gute Beispiele bieten Vorfälle von weiträumigen Stromausfällen in Europa, ausgelöst durch Unwetter und Klimawandel. Strom ist eine der Grundvoraussetzungen unserer modernen Welt, ohne Strom würde nichts funktionieren. Darum bilden Kraftwerke, die mittels Rohstoffen Strom erzeugen, eine wichtige Voraussetzung für unser modernes Leben, das ohne Strom und die damit verbundenen technischen Geräte im Chaos versinken würde. Jedoch wird uns unser hoher Energieverbrauch in sehr naher Zukunft schwerwiegende Probleme bereiten. Die Nutzung fossiler Brennstoffe führte über die letzten 200 Jahre zu einem enormen Anstieg des treibhausaktiven Gases Kohlendioxid (CO_2). Dieses von Menschen eingetragene Kohlendioxid ist direkt verantwortlich für eine globale Erwärmung von über 1,5 Grad Celsius gegenüber dem vorindustriellen Wert um das Jahr 1800, mit katastrophalen Folgen zu Lande (Dürren, Überschwemmungen, Nahrungsmittelkrisen), zu Wasser (Meeresspiegelanstieg, Gletscherschmelze) und in der Luft (intensivere Stürme, extreme Niederschläge). Sämtliche Teile des Erdsystems, insbesondere auch die Menschheit als Teil der Natur, sind von dieser

Änderung des »Aggregatzustandes« betroffen. Sie bedroht die planetare Gesundheit genauso wie unsere individuelle.

Besonders bemerkenswert im Zusammenhang mit der Quantenmechanik ist, dass sich mithilfe der quantenmechanischen Kernphysik der anthropogene Einfluss auf die Konzentrationserhöhung von Kohlendioxid direkt nachweisen lässt. Mit anderen Worten, die Quantenmechanik sagt uns direkt: »Ihr seid verantwortlich für die schnellste und intensivste Erwärmung der Atmosphäre seit dem Untergang der Saurier. Ihr seid ein technischer und energetischer Meteoriteneinschlag.«

Denn der etliche Hundert Millionen Jahre alte Kohlenstoff in Kohle, Öl und Gas enthält keinen radioaktiv zerfallenden Kohlenstoff-14 (^{14}C, Halbwertszeit 5730 Jahre), was ihn vom Kohlenstoff an der Erdoberfläche völlig unterscheidet. Außerdem ist der Anteil an Kohlenstoff-13 (^{13}C) in fossilen Rohstoffen geringer als an der Erdoberfläche, denn er stammt von Photosynthese betreibenden Organismen, wie Pflanzen und Bakterien. Seit 1800 sinkt der ^{13}C-Gehalt der Atmosphäre, seit etwa 50 Jahren sogar drastisch. Erklären lässt sich diese Entwicklung ganz einfach: Sie geht zurück auf die globale übermäßige Nutzung von fossilen Ressourcen in Industrie, Mobilität (zu Lande, zu Wasser und in der Luft), Kommunikation, Landwirtschaft etc.

Und deshalb müssen wir uns nach alternativen Energiequellen umsehen.

Eine der bekanntesten natürlichen, nicht versiegenden Energiequellen ist unsere Sonne, und eine vielversprechende Anwendung basiert auf der Verwandlung von Sonnenlicht (Photonen aus der Sonne) in elektrischen Strom. Das geschieht über die Solarzelle, durch den sogenannten photovoltaischen Effekt.

Immer mehr Haushalte nutzen diese Art der Stromgewinnung, wobei die Solarzellen üblicherweise auf den Hausdächern angebracht werden. Ebenso werden alltägliche Schultaschenrechner durch Solarzellen betrieben. In der Raumfahrt werden sie bei Satelliten eingesetzt, wo sie, an den Flügeln angeordnet, Licht von der Sonne in Strom umwandeln. Kurzum, die Solarzelle hat ein breites Anwendungsspektrum, wobei ihre genaue Funktionsweise auf quantenmechanischen Prinzipien beruht.

Die aus der Quantenmechanik folgende Beschreibung des sogenannten Bändermodells der Festkörper erklärt die Eigenschaften und die Unterschiede fester Stoffe. Wie bereits erwähnt, führt die Wechselwirkung der Atome zur Bildung von Energiebändern. Die genaue Anordnung dieser Bänder hat die Einteilung der Stoffe in Leiter, Halbleiter und Isolatoren zur Folge. Das grundlegende Material, aus dem die Solarzelle besteht, ist ein Halbleiterstoff. Aufgrund der relativ kleinen Lücken zwischen den Energiebändern ist eine thermische Anregung der sogenannten Valenzelektronen vom untersten Band (Valenzband) in das darüberliegende Band (Leitungsband) möglich. Die durch diesen Übergang entstehenden freien Stellen (Löcher) erscheinen dabei wie positive Ladungen.

Ein weiterer wichtiger Aspekt hierbei stellt die sogenannte Dotierung dar. »Dotierung« bedeutet nichts anderes, als dass man ein oder mehrere »Fremdatome« in die Atomstruktur des Halbleiters einbaut, um somit gezielt die Eigenschaften des Materials zu verändern. Bei der entstehenden Verbindung mit einem Gitteratom kommt es auf die Wertigkeit an, die im Folgenden erklärt wird.

Ein Beispiel: Möchte man ein Phosphoratom in ein Siliziumgitter einbauen, muss man beachten, dass Phosphor fünf und Silizium vier freie Elektronen zur Bindung beitragen. In dieser dabei entstehenden Bindung paart sich jeweils immer ein Elektron des einen Atoms mit einem Elektron des anderen, das heißt, die vier Elektronen des Siliziums werden mit vier Elektronen des Phosphors eine Bindung eingehen. In diesem Fall bleibt daher ein Elektron vom Phosphor übrig, das als Leitungselektron dient. Man sagt, dass Phosphor höherwertig im Vergleich zu Silizium ist.

Allgemeiner gesagt: Wenn das Fremdatom eine höhere Wertigkeit besitzt, spricht man von einem Donator, also einem Elektronenspender. Die so dotierten Halbleiter sind die n-Halbleiter, n für negativ, entsprechend der negativen Ladung der Elektronen.

Anders ist es, wenn das Fremdatom eine geringere Anzahl von Elektronen im Vergleich zu den Gitteratomen besitzt: Bei der Verbindung bleibt ein freier, positiv geladener Platz übrig, in welchem Elektronen eingefangen werden können. Deshalb nennt man diese Fremdatome auch Akzeptoren (Elektronenempfänger) und die zugehörigen Halbleiter p-Halbleiter, p für positiv.

Bringt man nun einen p-dotierten und einen n-dotierten Halbleiter in Kontakt miteinander, so spricht man von einem p-n-Übergang. Dieser bildet die Basis für das Funktionieren der Solarzelle. In der Übergangszone vom p- zum n-dotierten Bereich befindet sich anfangs ein Überschuss an beweglichen Löchern im p- und an Leitungselektronen im n-Teil, siehe Abbildung 23.

Die Leitungselektronen werden nun beginnen, in den p-Teil zu wandern, um die dort vorhandenen Löcher aufzufüllen, was als Rekombination bezeichnet wird. Aber auch die Löcher diffundieren ihrerseits in den n-Teil. Der dabei entstehende

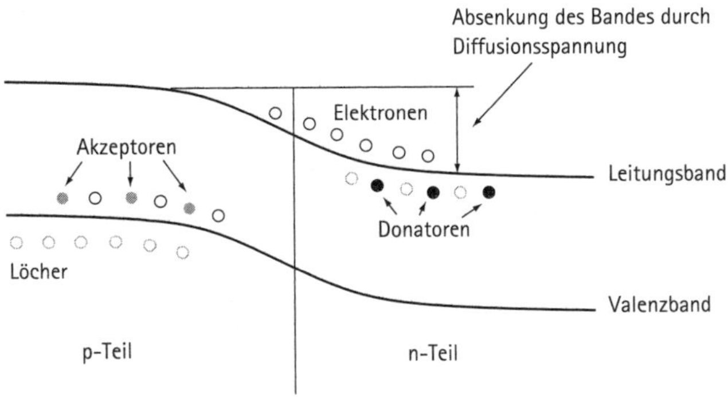

Abbildung 23: Übergang: Links ist der p-Teil mit den zugehörigen Akzeptoren gezeigt, rechts dagegen der n-Teil. Die Elektronen (dargestellt durch offene blaue Kreise), die sich anfangs im n-Teil befinden, werden in den p-Teil wandern, um dort mit den Akzeptoren zu rekombinieren. Das Gleiche gilt für die Donatoren (offene rote Kreise), die ihrerseits in den p-Teil diffundieren. Im sich einstellenden Gleichgewicht müssen in beiden Bereichen genauso viele Löcher wie Elektronen sein, damit insgesamt Neutralität herrscht.

Raumladungsunterschied führt zum Aufbau eines elektrischen Feldes, das der Diffusion entgegenwirkt, also versucht, die Ladungsträger wieder zurückzutreiben. Ein Gleichgewicht stellt sich ein, wenn dieser entstehende Feldstrom genauso groß wie der Diffusionsstrom ist. In der Übergangszone befinden sich dann keine freien Ladungsträger mehr, wobei die Menge an Elektronen und Löchern im n- und p-Teil jeweils gleich groß sein muss, damit Neutralität gegeben ist.

Man betrachte einen einfachen p-n-Übergang ohne irgendeine äußere Vorspannung, das bedeutet, ohne dass von außen eine Stromquelle angeschlossen wird. Jetzt fällt Licht (Photonen) auf diesen Übergang, das durch die frei werdende Energie bei seiner Absorption ermöglicht, dass Elektronen vom Valenzband ins Leitungsband angeregt werden können. Es entsteht ein Elektron-Loch-Paar, siehe Abbildung 24. Durch die Diffusionsspannung über der Grenzschicht wird das Elektron in den p-Teil und das Loch in den n-Teil wandern. Das führt zu einer weiteren Spannung, der Photospannung, die die Diffusionsspannung verringert. Diese Photospannung kann nun für verschiedene Zwecke genutzt werden.

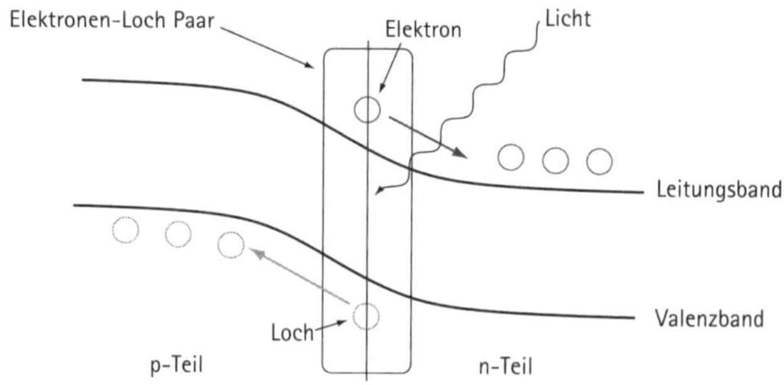

Abbildung 24: Solarzelle – hier ist das Prinzip des photovoltaischen Effekts aufgezeichnet. Einfallendes Licht ermöglicht durch dessen Absorption, dass ein Elektron aus dem Valenzband ins Leitungsband angehoben werden kann, es entsteht ein Elektron-Loch-Paar. Das Elektron wird in den n-Teil wandern, das Loch in den p-Teil. Durch diese Trennung entsteht die Photospannung, die nun für beliebige Anwendungen genutzt werden kann.

Abbildung 25 zeigt den prinzipiellen Aufbau einer Solarzelle. Das einfallende Sonnenlicht, genauer gesagt die Photonen, wird absorbiert und erzeugt die jeweiligen Elektron-Loch-Paare. Diese wiederum werden in den n- beziehungsweise p-Teil wandern. Die durch diese Trennung entstehende Spannung kann an einen Verbraucher, zum Beispiel an eine Glühbirne, angeschlossen und so genutzt werden.

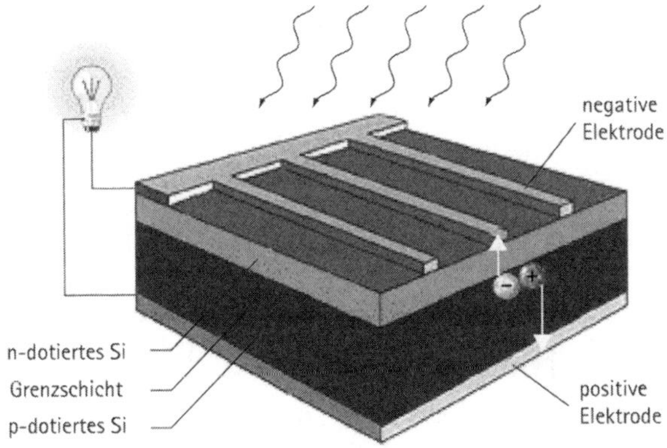

Abbildung 25: Schema der Solarzelle:
Einfallendes Sonnenlicht erzeugt ein Elektron-Loch-Paar.
Die entstehende Photospannung kann nun abgenommen
und zum Betreiben der Glühbirne genutzt werden.

So hat man auf eine sehr einfache Weise die Möglichkeit, aus einer nicht versiegenden Quelle, der Sonne, Strom und damit Energie zu gewinnen. Je größer nun die Fläche der Übergangszone und je intensiver das einfallende Licht ist, umso mehr Strom kann gewonnen werden. Pro Quadratzentimeter sind das ungefähr 20 Milliampere Strom. Der Wirkungsgrad, der angibt, wie viel der einfallenden Photonen letztendlich Elektron-Loch-Paare bilden und zur Photospannung respektive dem Photostrom beitragen, liegt im Bereich von 10 bis 18 %.

Für viele Entwicklungsländer kann diese umweltverträglichere Gewinnung von Strom ein großer Nutzen sein. Sie bietet darüber hinaus eine gute Perspektive, um unseren riesigen Energiebedarf abdecken zu helfen.

Ein quantenmechanisches Universum – die kosmische Hintergrundstrahlung

Seit seiner Geburt wächst das Universum mit kaum vorstellbarer Geschwindigkeit. Es vergrößerte seinen Radius um 50 Größenordnungen innerhalb von nur einer Sekunde. Da am Anfang die Materie mit gigantischer Dichte auf kleinstem Volumen komprimiert war, versagen klassische Beschreibungen dieser Periode. Mit der Quantenmechanik, der Theorie des Allerkleinsten, allerdings lässt sich ein Einblick gewinnen.

Anfang der 60er-Jahre des vorigen Jahrhunderts arbeiteten die Ingenieure Arno Penzias (1933–2024) und Robert Woodrow Wilson (* 1936) (Abbildung 26) daran, über Mikrowellenstrahlung mit Satelliten im Erdorbit zu kommunizieren. Sie maßen dabei aber immer ein mit dem Signal überlagertes Rauschen, das aus keiner bestimmten Richtung kam und auch nicht von der Tages- oder Jahreszeit abhängig war. Nachdem sie einen solchen Effekt zuerst nicht richtig erklären konnten, säuberten sie ihre Anlage sogar vom Vogeldreck, hinter dem sie den Übeltäter vermuteten.

Wie sich später herausstellen sollte, ist der Ursprung dieser Mikrowellenstrahlung, die aufgrund ihrer zeitlichen und räumlichen Gleichförmigkeit auch Hintergrundstrahlung ge-

Abbildung 26: Arno Penzias und Robert Woodrow Wilson

nannt wird, kosmischer Natur. Sie bildet einen äußerst gleichförmigen Hintergrund, in dem später aber winzige Schwankungen der Intensität der Strahlung sowie ihrer Wellenlänge gemessen wurden (siehe Abbildung 27). Dieses älteste beobachtbare Licht, das vom frühen Universum zu uns kommt, stammt noch aus der quantenmechanisch geprägten Zeit. Daher ist die kosmische Hintergrundstrahlung nichts anderes als ein Abbild der Temperatur- und damit Materieverteilung beim Urknall.

Das Größenverhältnis des über den Himmel beinahe konstanten Wellenlängenwerts der Hintergrundstrahlung zur Stärke der Fluktuationen ist in etwa 100 000 : 1. Wenn man diese Strahlung mit der Meeresoberfläche vergleicht, betragen die Schwankungen bei zehn Kilometer Wassertiefe gerade einmal zehn Zentimeter, ein leichtes Kräuseln der Oberfläche

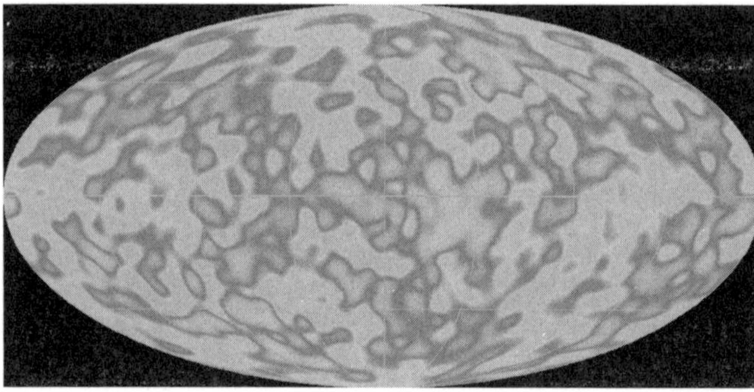

Abbildung 27: Fluktuationen der kosmischen Hintergrundstrahlung

also. Diese geringen Abweichungen vom Mittelwert ließen sich erst in den 90er-Jahren des letzten Jahrhunderts nachweisen, da zu ihrer Entdeckung hochauflösende Teleskoptechnik vonnöten war.

Solche Temperaturschwankungen sind genau das, was das Universum zur Produktion von Galaxien und Sternen benötigt. Um auf den Vergleich mit dem Meeresspiegel zurückzukommen: Wären die Wellen an der Oberfläche einen Meter hoch, wären die meisten Galaxien unseres Universums direkt zu schwarzen Löchern kollabiert; hätte man Kräuselungen der Oberfläche von einem Zentimeter Höhe, hätte dies nicht gereicht, überhaupt genug Sterne zu erzeugen.

In der Welt der Quantenmechanik bleibt nichts lange an derselben Stelle. Quanten befinden sich nie an einem eindeutigen Ort und können sich auch nicht mit einer eindeutigen Geschwindigkeit bewegen; ihre Orts- und ihre Geschwindigkeitsunschärfe verhindern eine eindeutige Festlegung, wo sie sich befinden und wie schnell sie sind. Zusammen können diese Unschärfen aufgrund der Unschärferelation einen bestimmten, konstanten Wert nicht unterschreiten. Betrachtet man mehrere Teilchen im Verbund, so werden ihre einzelnen Ortsunschärfen zu einer kollektiven Unschärfe der Dichte, die einzelnen Geschwindigkeitsunschärfen zu einer Unschärfe der Temperatur. Folglich ist es insbesondere in sehr kleinen quantenmechanischen Volumina unmöglich, dass Temperatur und Dichte exakt festgelegt sind.

Eine andere Blickweise ist diese: Ähnlich wie bei der Unschärferelation, wo Orts- und Geschwindigkeitsschwankungen einander die Waage halten, sind auch Energie und Zeit miteinander verknüpft: Es gibt Fluktuationen der Energie – und damit auch der Temperatur – von sehr kurzer bis zu sehr langer Lebensdauer, ähnlich den Blasen in einem Topf kochenden Wassers. Dies lässt sich auf das frühe Universum beziehen: Durch die enorme Dichte mussten die Teilchen permanent miteinander kollidieren, sie konnten sich nicht lange ungestört entwickeln – dies ließ ihre Energieunschärfe ansteigen.

Summa summarum erzwingt die Quantenmechanik Schwankungen in Temperatur und Dichte, die in der kompakten Welt des jungen Universums von nicht zu vernachlässigender Größe waren. Diese Schwankungen wurden von der rasanten Expansion des Raumes so schnell aufgebläht, dass sie nicht wie ein kleiner Wellenhügel im Wasser zurückschwappen konnten. Sie wuchsen mit dem Raum so lange mit, bis die Gravitation dichtere Flecken zusammenhalten konnte. Daraufhin sammelte sich an diesen dichteren Stellen noch mehr Materie an, während spärlicher ausgefüllte Orte weiter ausgedünnt wurden.

Dabei ist auch die Stärke der Schwankungen sehr wichtig – zu kleine Schwankungen hätten nicht ausgereicht, die Materie ungleichmäßig genug zu verteilen, um daraus über die Gravitation Galaxien und Sterne zu erzeugen. Andererseits würden dem Universum zu starke Schwankungen gleichermaßen zum Verhängnis werden: Die Gravitation wäre übermächtig, anfängliche Dichteklumpen wüchsen rasch zu riesigen schwarzen Löchern, die dann alle restliche Materie in sich aufsaugen würden. Nur das richtige Maß ermöglichte eine Entwicklung des Universums mit strukturfreundlichen Bedingungen, der Grundvoraussetzung für Leben.

Die Hintergrundstrahlung übt auf die Wissenschaft eine große Faszination aus; groß genug, damit für ihre Entdeckung wie auch für ihre Erklärung je ein Nobelpreis vergeben wurde. Doch reicht ihre Bedeutung viel weiter: Warum die Fluktuationen genau die richtige Größe besitzen, ist eine mindestens so philosophische wie physikalische Frage, denn wären sie von einer anderen Stärke, würden wir nicht existieren. Ihre Ursache jedoch liegt in der Quantenmechanik, die in ihren Auswirkungen die Welt des Allerkleinsten, aber eben auch die Welt des Allergrößten, mithin des gesamten Universums, umspannt.

Das Smartphone

Wir halten heute fast alle ein Gerät in unserer Hand, das auf verschiedene Weise die Erkenntnisse der Quantenmechanik über den Aufbau der Materie und der Wechselwirkung mit elektromagnetischer Strahlung nutzt: das Smartphone. Es verarbeitet mit Lichtgeschwindigkeit und mit Frequenzen von mehreren Milliarden Hertz elektronische Signale und riesige Datenmengen auf eine Art und Weise, wie dies in früheren Zeiten nur von großen Computern geleistet werden konnte. Das tun Smartphones in sehr effizienter und effektiver Form und mit vergleichsweise wenig elektrischer Energie. Außerdem sind ihre digitalen Kameras um viele Größenordnungen leistungsfähiger und sensitiver als die analog arbeitenden Kameras früherer Generationen. Und all dies deshalb, weil sie den quantenmechanischen Klassiker, den Photoeffekt, effektiv nutzen. Last, but not least sind die Batterien eines Smartphones ein technisches Wunderwerk, das ebenfalls Prinzipien der Quantenmechanik nutzt.

Beginnen wir mit den zentralen Prozessoren, den elektronischen Einheiten, die mit Gigahertz-Frequenzen Signale verarbeiten, das heißt aufnehmen, ordnen und zuweisen. Damit sind sie das Gehirn und das Gedächtnis, also der Datenspeicher des Smartphones.

So ein Gerät ist wirklich smart und ein Telefon, eben ein Smartphone. Es enthält buchstäblich Milliarden von Halbleiterbauelementen zum Verstärken und Schalten von Signalen, die Transistoren und andere Elemente, die aus Halbleitern bestehen. Ohne die Erkenntnisse, die über den Aufbau der Materie und ihre Wechselwirkung mit elektromagnetischer Strahlung aus den Prinzipien der Quantenmechanik abgeleitet wurden, hätte man diese Materialien und ihre äußerst nützlichen Funktionsmöglichkeiten für die Signal- und Datenverarbeitung nie entdeckt. Die Quantenphysik ermöglicht es, die siliziumbasierten Materialien in den sogenannten integrierten Schaltkreisen eines Smartphones so zu gestalten, wie sie heute sind. Durch den technischen Zugriff auf die atomare Struktur der Halbleitermaterialien gelingt es, die notwendigen äußerst kurzen Schaltzeiten in den Computerchips zu verwirklichen. Diese superschnellen Computerchips sind die wichtigsten Bausteine für die digitale elektronische Logik von null und eins. Nur deshalb lässt sich eine astronomische Zahl an elektronischen Bauelementen so vernetzen, dass hochkomplexe Schaltungen als Mikroprozessoren oder Speichermedien auf winzigsten, gerade mal wenige Quadratmillimeter kleinen Flächen von Halbleiterplättchen untergebracht werden können. Seit einiger Zeit ist dies sogar im Nanometerbereich möglich. Diese sogenannten Chips sind inzwischen nur noch ungefähr zehn Nanometer groß. Das sind zehn Millionstel Millimeter und entspricht dem Tausendstel des Durchmessers eines menschlichen Haares.

Durchschnittliche Siliziumatome, aus denen die meisten heutigen Mikrochips bestehen, messen 0,2 Nanometer. Das heißt, die Produktion modernster Chips erreicht allmählich eine physikalische Grenze, die Längenskala der Atome der

Halbleiter selbst. Dann aber ist mit den wohl verstandenen quantenmechanischen Effekten zu rechnen, die die Anwendbarkeit der zurzeit benutzten Gesetze für klassische elektrische Stromkreise einschränken.

Diese Grenze schränkt auch die Leistungsfähigkeit und damit die Vielfalt der Funktionsweise des Smartphones ein. Das Smartphone ist also trotz seiner zentralen Bedeutung für die komprimierte Elektronik und die eingesetzte Logik des Steuerelements noch kein Quantencomputer, denn die *Verarbeitung* der elektrischen Signale geschieht auch in diesen technischen Wunderplättchen auf ganz klassische Weise. Es werden also weder die Superpositionsprinzipien noch die Verschränkungseigenschaften zur Informationsgewinnung genutzt. Die Zukunft wird zeigen, wie durch Innovationen diese grundsätzliche Grenze, die durch die Größe der materiellen Grundbausteine gegeben ist, überwunden werden kann.

Neben der sehr schnellen Verarbeitung von Signalen in den Mikrochips enthalten moderne Smartphones höchst leistungsfähige Digitalkameras mit CCD-Sensoren. Diese *Charge-Coupled-Device*-Sensoren wandeln in digitale Kameras einfallendes Licht mittels des inneren photoelektrischen Effekts in elektronische Signale um. Fällt Licht auf den Sensor, werden Elektronen aus einer Schicht des Halbleiters gelöst und in ein Leitungsband übertragen und in einem von außen angelegten elektrischen Feld, dem Potentialtopf, gesammelt. Dann werden sie entlang der Zeilen und Spalten des Sensors ausgelesen, indem die Ladungen von einem Potentialtopf zum nächsten verschoben werden. Danach wird am Ende der Zeile das Signal analog verstärkt und in einen digitalen Wert umgewandelt. Die gesammelten Daten stellen die Rohbilddaten dar, die vom Sensor zur weiteren Verarbeitung bereitgestellt werden.

Der Photoeffekt wurde, wie bereits erwähnt, von Albert Einstein unter der Prämisse der quantisierten Energieaufnahme und Energieabgabe erklärt.

Die Batterien in den Smartphones sind ebenfalls sehr leistungsfähige materielle Strukturen, miniaturisiert zwar, aber eben effizient aufgrund ihrer kristallinen Struktur. Der materielle Aufbau der Akkus basiert auf den Prinzipien der Elektrochemie, die aber ihrerseits auf den grundlegenden Ergebnissen der quantenphysikalischen Modelle beruhen. Sie beschreiben, wie intensiv Elektronen beweglich sind, welche elektrischen Ströme sie aufbauen und welche elektronischen Eigenschaften die Energiespeicher haben können.

In Zukunft könnten Smartphones mithilfe von noch kleineren Prozessoren und Quantensensoren noch viel mehr leisten – für eine noch intensivere Nutzung des Internets, für präzisere Navigationsleistungen. Quantenschlüssel könnten eine vollständig sichere Kommunikation ermöglichen, das Smartphone als vernetzter Hochleistungscomputer dann nicht nur die Anrufe von Freunden und Freundinnen annehmen, sondern in Verbindung mit einem autonom fahrenden Elektroauto auch helfen, sicherer und unter Vermeidung von Staus wohlbehalten zu einer Verabredung zu kommen. Und wahrscheinlich noch viel mehr!

Die zweite Quantenrevolution

100 Jahre nach der Formulierung der Quantentheorie und nach Jahrzehnten der Grundlagenforschung und Anwendungen der sogenannten Quantenrevolution I mit Lasern, Atomuhren und Magnetresonanz kündigt sich in den letzten Jahren eine Quantenrevolution 2.0 mit großen Auswirkungen und gut begründeten Versprechungen an.

Aktuell sind die Physikerinnen und Physiker in der Lage, Atome und Photonen in ihren Labors perfekt zu kontrollieren und zu manipulieren. Die große Herausforderung besteht nun darin, all dieses Wissen auf Geräte anzuwenden, die wir täglich nutzen können. Quantenphysik für alle! Zu diesen Instrumenten und Verfahren gehören Quantensensoren, Quantenkryptographie und Quantencomputer. Wir werden nun einen Blick auf sie werfen und uns mit der Funktionsgrundlagen vertraut machen.

Quantensensoren

Sensoren begleiten seit Jahrzehnten unseren Alltag. Sie machen unser Leben sicherer und komfortabler. Ein Sensor ist ein technisches Bauteil, das bestimmte physikalische oder chemische Eigenschaften wie Wärmemenge, Temperatur,

Feuchtigkeit, Druck, Rauch, Helligkeit, Beschleunigung, Abstand oder chemisch den pH-Wert oder den CO_2-Gehalt der Luft erfassen kann. Er misst eine Eingangsgröße und wandelt die Messdaten in ein analoges oder digitales elektrisches Signal um. Im Falle von Rauch wird zum Beispiel ein Alarm ausgelöst, werden womöglich Menschenleben gerettet.

In der Quantenrevolution 2.0 wird versucht, die Empfindlichkeit und Genauigkeit dieser Messungen mit Quantensensoren auf für uns unvorstellbare Genauigkeit zu erhöhen und sie in neuen Gebieten anzuwenden. Quantenphänomene wie Superpositionszustände, Verschränkung, quantisierte Energien und Spin-Eigenschaften werden als »Komponente« in physikalische Geräte eingebaut und gezielt manipuliert. Atomuhren, wie die im Kapitel »Atomuhren – Quantenmechanik am Puls der Zeit« beschriebenen, können nur dann exakt gleich schwingen, wenn sie möglichst gut von der Außenwelt abgeschirmt sind. Schon winzige Magnetstörungen können die Energiezustände der Elektronen verändern. Und genau diese Empfindlichkeit benutzt man als Messmethode bei den Quantensensoren.

Fangen wir mit dem Quantengravimeter an. Das Gerät ist in der Lage, sehr kleine Änderungen der Gravitationsbeschleunigung g zu messen, die die Schwerkraft der Erde verursacht. Herkömmliche Gravimeter beruhen auf mechanischen Prinzipien, bei denen eine Masse verwendet wird, deren Federaufhängung auf kleinste Veränderungen des Gravitationsfeldes reagiert. Solche Veränderungen können durch geologische Formationen und Hohlräume, aber auch durch Bewegungen von Flüssigkeiten im Untergrund und abschmelzende Gletscher verursacht werden.

Mit einem Quantengravimeter steigert sich die Empfindlichkeit enorm. Damit können unterirdische Grabkammern oder Rohstoffvorkommen verschiedenster Art aufgespürt, aber auch das Grundwasser überwacht und möglichst früh vulkanische Aktivitäten entdeckt werden, und zwar lange, bevor sie in Seismographen gemessen werden.

Die Funktionsweise eines Quantengravimeters basiert sowohl auf der Überlagerung mechanischer Quantenzustände als auch auf der Atominterferometrie. Letztere ermöglicht es, die Bewegung und Position einzelner Atome mit beispielloser Genauigkeit zu messen. Sie basiert auf einem zentralen Prinzip der Quantenmechanik, der Dualität von Materie und Wellen. In der Atominterferometrie werden Atome als Wellenpakete behandelt, die sich in mehreren Zuständen befinden können. Auf diese Wellenpakete wirken auch die Gravitationsfelder, und ihre Interferenzmuster enthalten Informationen über das lokale Gravitationspotential.

Wenn die Schwerkraft an einem Ort einmal sehr genau bekannt ist, können Gegenstände im Boden, die minimale Veränderungen im Gravitationsfeld der Erde verursachen, aufgespürt werden, ohne dass man sie ausgraben muss. So können unterirdische Pipelines und Stromkabel gefunden werden. Mit einem Quantengravimeter kann man vermeiden, dass beispielsweise bei Reparaturen Hochspannungs- oder Reservekabel beschädigt werden.

Ein weiteres Beispiel für einen vielversprechenden Quantensensor im medizinischen Bereich ist die Magnetoenzephalographie, die die Neurologie möglicherweise revolutionieren könnte. Unser Gehirn ist als ein elektrisches Organ so organisiert, dass bestimmte Funktionen in bestimmten Hirnbereichen lokalisiert sind. Wenn elektrische Felder wie bisher mit herkömmlicher Elektroenzephalographie (EEG) gemessen werden, dann muss zuerst eine elektrische Verbindung – eine Brücke –

mit dem Kopf hergestellt werden. Dafür werden spezielle Gels und nasse Elektroden auf dem Kopf aufgetragen. Dabei kann es bis zu einer Stunde dauern, bis man gute Signale erhält.

Magnetoenzephalographen können hingegen direkt an den Kopf herangeführt werden, ohne direkten Kontakt! Man benötigt keine elektrische Brücke, sondern man misst direkt die neuromagnetische Aktivität des Gehirns. In einen Helm integriert, der sich perfekt an den Kopf anpasst, können die Sensoren zur Untersuchung von Patienten und Patientinnen jedes Alters eingesetzt werden. Und da diese Aktivität nicht durch den Knochen gedämpft wird, erreicht man eine viel höhere räumliche Auflösung als mit konventioneller EEG. Darüber

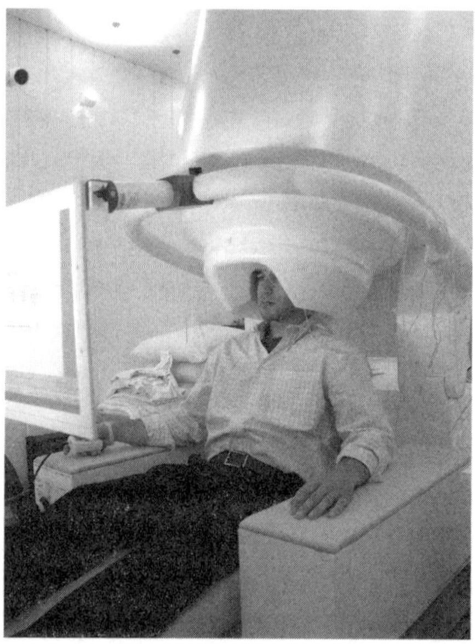

Abbildung 28: Was aussieht wie ein überdimensionierter Haartrockner, ist ein Magnetoenzephalograph, mit dem die Hirnströme von Probanden untersucht werden.

hinaus sind diese Sensoren kostengünstiger und ermöglichen mehr Menschen den Zugang zu besseren Behandlungsmethoden, insbesondere unter Epilepsie Leidenden.

Exoskelette sind äußere Stützstrukturen für Menschen mit Behinderungen. Bisher wurden Exoskelette über Gehirn-Computer-Schnittstellen gesteuert. Mittels der EEG konnten nur einfache Befehle, wie zum Beispiel »Hände auf« oder »Hände zu«, übermittelt werden. Mit dem Einsatz von Quantensensoren kann die Auflösung dieser Steuerungseinrichtungen deutlich verbessert und bis hin zu einzelnen Fingerbewegungen dekodiert werden. Das würde es sogar erlauben, auf entsprechende Befehle ein Glas oder eine Gabel zum Essen hochzuheben und an beziehungsweise in den Mund zu führen. Für komplett Querschnittgelähmte fände hier eine wahre Revolution statt!

Bisher müssen Quantensensoren außerordentlich stark abgekühlt werden, auf wenige Kelvin. Jedoch werden aktuell Sensoren auf der Basis eines Diamantengitters entwickelt, die bei Raumtemperatur funktionieren können. Solche Diamant-Quantensensoren sind ideal für industrielle Anwendungen, die die Messung magnetischer und elektrischer Felder mit einer räumlichen Auflösung von wenigen Nanometern bis hin zu einzelnen Elektronen- und Kernspins (!) erfordern.

Quantenkryptographie

Die Verschlüsselung von Texten in »Geheimschriften«, bekannt als Kryptographie, hat eine sehr lange Geschichte. Es war schon immer wichtig, geheime Nachrichten so verschlüsseln zu können, dass ein Widersacher, Gegner, Konkurrent sie nicht lesen kann. Im digitalen Zeitalter mit Cyberattacken und hybriden

Konflikten aller Art ist das von noch größerer Bedeutung, denn noch nie in der Geschichte der Menschheit wurden so viele Nachrichten über den ganzen Globus geschickt.

Der Quantenkryptographie kommt als Anwendung der Quantenphysik hier eine ganz besondere Rolle zu. Sie zeichnet sich nämlich als sehr vielversprechende Variante eines extrem hohen Niveaus von Datenschutz und Datensicherheit auf individueller und nationaler Ebene aus. Um die besondere Funktionsweise der Quantenkryptographie zu verstehen, müssen wir zunächst die Grundlagen der Verschlüsselung betrachten. Eine Verschlüsselung hat immer das Ziel, dass unerwünschte Personen die verschlüsselte Nachricht nicht lesen können. Als Kunde, Nutzer und Verbraucher kennen wir die sogenannte Ende-zu-Ende-Verschlüsselung. Sie sorgt in einem Kommunikationssystem dafür, dass nur Sender und Empfänger die Nachrichten lesen können. Die zu übertragenden Daten werden vom Sender verschlüsselt und erst beim Empfänger wieder entschlüsselt. Dieses Verfahren wird von fast jedem Besitzer eines Smartphones täglich angewandt und ist somit die gebräuchlichste aller Verschlüsselungsarten.

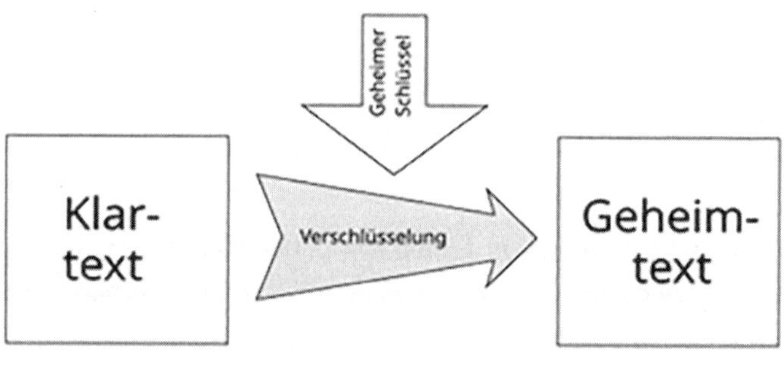

Abbildung 29: Umwandlung von Klartext mittels eines geheimen Schlüssels in Geheimtext

Verschlüsselung ist die Umwandlung von Informationen, die als »Klartext« bezeichnet werden, in »Geheimtext«. Dazu wird ein geheimer *Schlüssel* verwendet, der nur den befugten Personen bekannt sein darf. Mit Kenntnis des Schlüssels kann der Geheimtext wieder in Klartext umgewandelt werden.

Ziel der Kryptographie ist es, den Schlüssel auszutauschen, ohne dass er in die Hände von Fremden gerät. Und hier kommt die Besonderheit der Quantenkryptographie ins Spiel. Denn bei ihr wird eine spezielle Art der Verschlüsselung verwendet, die es ermöglicht, *sofort zu erkennen*, ob jemand einen vorab vereinbarten Schlüssel abgefangen hat.

Grundlegend hierfür ist ein Grundsatz der Quantenmechanik, der besagt, dass es nicht möglich ist, den Zustand eines Elementarteilchens zu messen, ohne ihn zu verändern, da das Messgerät selbst auf Quantenebene den Quantenzustand des gemessenen Teilchens beeinflusst und verändert.

Elementarteilchen, wie Photonen und Elektronen, unterliegen grundsätzlich quantenmechanischen Gesetzen. Werden die aus diesen Gesetzen eindeutig abgeleiteten Quanteneigenschaften dieser Teilchen als Informationsträger für kryptographische Verfahren genutzt, ist es deshalb grundsätzlich physikalisch unmöglich, Daten unbemerkt abzufangen, da jede Wechselwirkung auf Quantenebene die übertragene Information verändert. Deshalb ist genauso unmöglich, die quantenphysikalischen Eigenschaften einzelner Photonen zu kopieren. In der Physik spricht man von No-Cloning-Theorem – und das ist die Basis von sicherer Informationsübertragung der Quantentechnologien.

Angenommen, wir wollen den Klartext »MORGEN« für ein geheimes Treffen verschicken. Die Buchstaben wandeln wir in Zahlen um. M ist der 13. Buchstabe des Alphabets und bekommt die Zahl 13 zugeordnet, und so weiter:

M O R G E N
13 15 18 7 5 14

Danach werden die Zahlen in Binärzahlen verwandelt:

M O R G E N
13 15 18 7 5 14
01101 01111 10010 00111 00101 01110

Um diese Zahlen zu verschlüsseln, bietet sich die sogenannte One-Time-Pad-Technik an. *Sie ist ohne Schlüssel nicht knackbar*. Allerdings muss der Schlüssel so lang sein wie die Nachricht, die wir verschicken wollen! Dazu werden wieder binäre Zahlen *in einer zufälligen Reihenfolge verwendet* (unterste Zahlenreihe):

M O R G E N
13 15 18 7 5 14
01101 01111 10010 00111 00101 01110
10101 01010 10101 01010 10101 01010

Der nächste Schritt besteht darin zu schauen, ob Stelle für Stelle Nachricht und Schlüssel gleich sind. Gleichen Zahlen ordnen wir eine Null zu, ungleichen Zahlen eine Eins:

M O R G E N
13 15 18 7 5 14
01101 01111 10010 00111 00101 01110
10101 01010 10101 01010 10101 01010
11000 00101 00111 01101 10000 00100

Dann vergleichen wir wieder nach denselben Kriterien wie soeben unseren Schlüssel mit der Vergleichsreihe:

M O R G E N
13 15 18 7 5 14
01101 01111 10010 00111 00101 01110
10101 01010 10101 01010 10101 01010
11000 00101 00111 01101 10000 00100
01101 01111 10010 00111 00101 01110

Dieser letzten Binärzahlenreihe ordnen wir schließlich herkömmliche Zahlen zu und erhalten den Klartext:

13 15 18 7 5 14
MORGEN!

Diese Methode wäre ganz einfach, wenn wir sicher sein könnten, dass der verschickte Schlüssel von niemandem abgefangen wurde, oder wir zumindest einen eindeutigen Beweis haben, dass er doch in falsche Hände geriet.

Hier kommt jetzt die Besonderheit der Quantenphysik ins Spiel. Und genau dafür werden die Quanten verwendet. Ein Photon ist wie schon erläutert ein Quant, die kleinste Einheit von Licht. Photonen können verschiedene Eigenschaften haben, unter anderem die Polarisation. Diese beschreibt die Schwingungsrichtung des Lichts im Verhältnis zu seiner Ausbreitungsrichtung. Mithilfe von Kristallen und Filtern kann die Polarisation des Lichts gezielt verändert werden. Wenn man einen Vertikal-Polarisationsfilter auf einen Lichtstrahl anwendet, werden alle anderen Polarisationsrichtungen, bis auf eine, herausgefiltert.

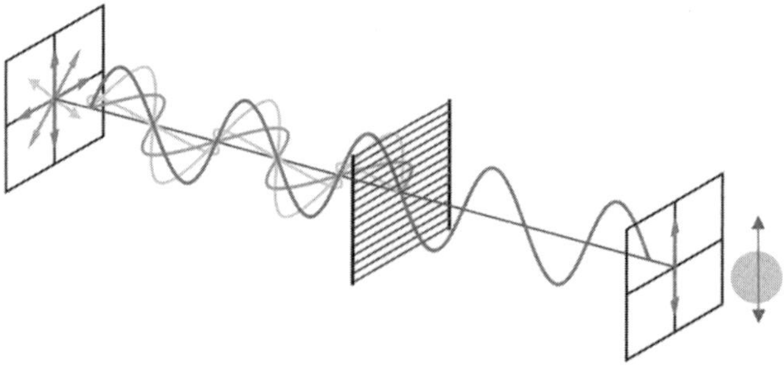

Abbildung 30: Vertikalpolarisationsfilter,
der nur eine Polarisationsrichtung durchlässt

Um Photonen als Quantenschlüssel zu verwenden, werden eine Reihe von Photonen mit verschiedenen Polarisationswinkeln (vertikal, horizontal, rechtsschräg, linksschräg) erzeugt und ihnen Binärzahlen zugeordnet:

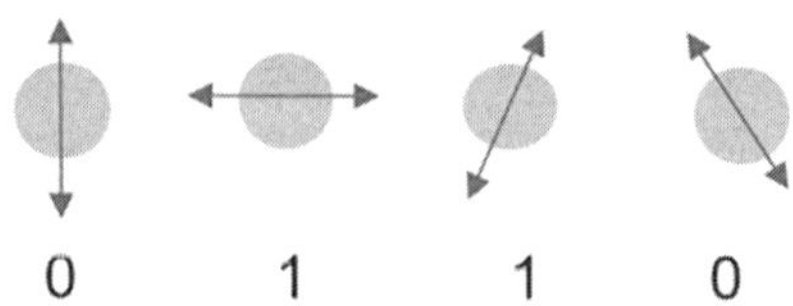

Diese Photonen werden durch eine Glasfaserleitung, die uns mit dem Empfänger der Nachricht verbindet, in einer bestimmten Reihenfolge verschickt. Der Empfänger lässt die Photonen durch Polarisationsfilter passieren. Der erste Filter mag ein Vertikalpolarisationsfilter sein, der das bereits vertikalpolarisierte Photon nicht verändert. Oder der Empfänger verwendet einen Horizontalpolarisationsfilter, der die Polarisation des Photons verändert. Danach vergleichen Sender und Empfänger über eine normale Kommunikationsleitung die Reihenfolge der Filter, die sie verwendet haben. Am Beispiel des ersten Photons, wenn beide denselben Filter verwendet haben, kann das polarisierte Photon für den Schlüssel verwendet werden:

So wird es mit den nächsten Photonen gemacht. Es kann sein, dass der Empfänger diesmal nicht denselben Filter verwendet (Sender = 0, Empfänger = 1). In diesem Fall wird das Ergebnis verworfen.

Auf diese Weise wird weiter mit allen Photonen verfahren, bis der Schlüssel so lange wird wie die Nachricht, die wir verschlüsselt haben.

Zusammengefasst: Nur wenn die Basis, also horizontal/vertikal oder rechtsschräg/linksschräg, mit der vom Sender gewählten Polarisation übereinstimmt, erhalten beide *aus der Messung ein Quantenbit*, ein Qubit, also die Information null oder eins. Aus dieser Folge von Nullen und Einsen erzeugen beide den Schlüssel, der zum Entschlüsseln der geheimen Nachricht verwendet werden kann.

Aber was würde passieren, wenn jemand die Photonen abfängt? Würden wir es merken? Dieser Hacker würde die verschickten Photonen abfangen und mit Polarisationsfiltern die Photonen messen. Da er nicht weiß, welche Filter der Sender verwendet hat, wird er zufällig falschliegen. *Sobald das Photon den falschen Filter durchläuft, verliert es seine ursprüngliche Polarisationsrichtung. Und wenn er es wieder an die Glasleitung zum Empfänger schickt, verändert er das Photon.* Denn es ist unmöglich, ein Photon zu messen, ohne es zu verändern!

Deshalb, um sicher zu sein, dass sie niemand belauscht, schickt der Sender ein paar Photonen mehr, als für die Länge des Schlüssels nötig ist. Und für diese zusätzlichen Photonen erfährt der Empfänger, welche Filter der Sender verwendet hat, und kommuniziert, welchen Wert er sich notiert hat (1 oder 0). *Wenn das Ergebnis des Empfängers anders ist als das des Senders, weiß man sicher, dass jemand gelauscht hat!* Nun kann wieder versucht werden, den Schlüssel erneut zu schicken.

In der Quantenkryptographie begrenzt die Übertragung über Glasfaser und Kabel die Entfernung zwischen Sender und Empfänger. Bei der Übertragung über die Luft stellt die Atmosphäre selbst ein Hindernis dar. Im Jahr 2007 gelang es jedoch Forschern über eine Entfernung von 144 Kilometern, einen Schlüssel zwischen Teneriffa und La Palma auszutauschen. Diese Entfernung markiert eine Grenze für eine sichere Übertragung.

Deshalb wollen Forscher Satelliten für die Anwendung der Quantenkryptographie auf globaler Ebene nutzen. In diesem Fall legen die Photonen einen großen Teil der Strecke im Vakuum ohne Störungen zurück und müssen nur wenige Kilometer der Erdatmosphäre durchqueren. Diese Methode erfordert jedoch eine Schlüsselübertragung zwischen einer Bodenstation und einem sich bewegenden Objekt, dem Satelliten. Mehrere Forschergruppen widmen sich derzeit dieser Form der Übertragung. Ebenso versuchen sie, die Größe der bestehenden Systeme zu verringern, damit sie eines Tages in Smartphones und andere tragbare Geräte passen. Bis dahin werden aber noch einige Jahre vergehen.

Quantencomputer

Es gibt komplexe Aufgaben und Probleme, für deren numerische Lösung selbst die besten bisherigen Supercomputer sehr lange benötigen. Ein Beispiel ist die Entwicklung neuer und effektiver Arzneimittel mit minimalen Nebenwirkungen, wofür von Computern erzeugte Simulationen von sehr komplexen molekularen Verbindungen erforderlich sind.

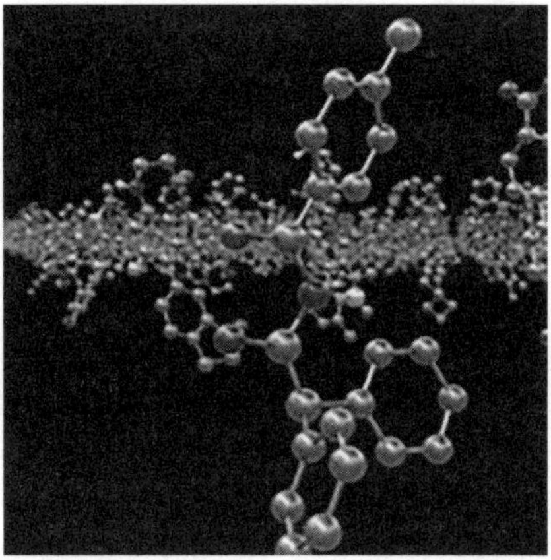

Abbildung 31: Mit Quantencomputern können Forschende neue Moleküle für künftige Arzneimittel simulieren und entwickeln.

Aber auch die zeitliche und räumliche Dynamik der durch die globale Erderwärmung verursachten Extremwettersituationen, deren Risikobewertung und die sich daraus ergebende Einstufung der Warnhinweise verlangen nach sehr schnellen und trotzdem richtigen Simulationen. Allerdings sind dafür erhebliche, außerordentlich komplexe numerische Modelle für die Abläufe in der Atmosphäre nötig, die vor allem die von zahlreichen meteorologischen Messeinrichtungen eingehenden

Datenmengen synchron verarbeiten und in die Prognose miteinbeziehen müssen.

Auch bringt unsere globale und vernetzte Welt unvermeidliche Probleme bei der Navigation, Kommunikation, Überwachung und Datenverarbeitung mit sich, die so gut wie möglich, nachhaltig und effizient, gleichzeitig und überall, digital und mit den schnellstmöglichen IT-Geräten gelöst und kontrolliert werden müssen. Für derartige mehrdimensionale Optimierungs- und Steuerungsaufgaben benötigen moderne Supercomputer mit ihren bis zu 72 000 parallel datenverarbeitenden Prozessoren Tage, Monate oder sogar Jahre! Auf jeden Fall viel zu lang!

An diesen Grenzen der herkömmlich berechenbaren Wirklichkeit und auch dort, wo klassische Prozessoren an ihre physikalischen Grenzen stoßen, sind Quantencomputer die nächste technische Entwicklung, weil sie so schnell und effektiv rechnen können, dass numerische Lösungen für die oben beschriebenen Beispiele schnell gefunden werden könnten.

Einfach ausgedrückt, funktionieren Quantencomputer so, dass sie die Wechselwirkungen und Überlagerungen von Quantenzuständen als Rechenobjekte nutzen. Damit werden ungeheure Rechengeschwindigkeiten erzielt. Das Wort »ungeheuer« ist hier ganz richtig verwendet, denn auf den ersten Blick ist einem die Funktionsweise »nicht geheuer«, klingt es ungeheuerlich, wie schnell Quantencomputer Probleme lösen können. Die bisher gebauten Quantencomputer bestätigen bereits diese großen Erwartungen.

Um zu verstehen, was das Besondere an einem Quantencomputer ist, müssen wir zunächst schematisch beschreiben, wie ein herkömmlicher Computer funktioniert. Unsere Computer, Laptops, Taschenrechner, Smartphones und Smartwatches arbeiten alle mit Bits. Ein Bit kann nur zwei Zustände annehmen, entweder eins [1] oder null [0], was durch elektrische Schaltungen in Transistoren erzeugt wird. »Strom aus« bedeutet [0], »Strom an« [1].

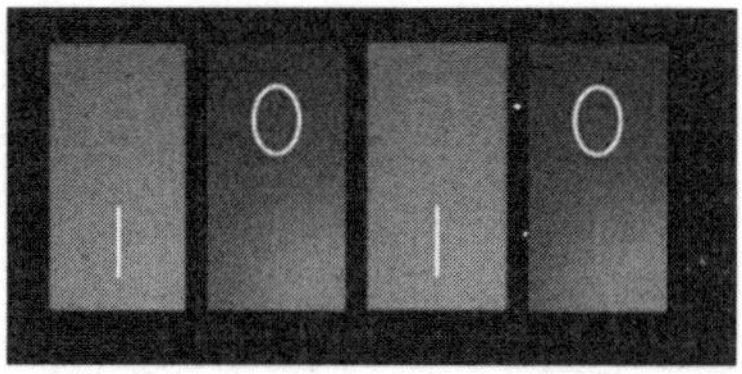

Abbildung 32: Darstellung einer Sequenz von Bits, die durch elektrische Schaltungen nacheinander erzeugt werden.

Die Bits existieren also in Form von Milliarden elektrischer An- / Aus-Schalter, der Transistoren. Die Mikroprozessorchips eines Handys enthalten mehr als 15 Milliarden winzige Transistoren! Diese bestehen aus Halbleitern wie Silizium, Metallen wie Gold und Kupfer und Isolatoren, die zusammen elektrischen Strom aufnehmen und in [1] und [0] umwandeln, um Informationen zu übertragen und zu speichern. Die Umschaltung der Transistoren findet zwar schnell statt, *aber immer nacheinander*.

Angenommen, ein Computer soll den direktesten Weg zum Ziel in einem komplexen Straßennetzwerk finden. Ein klassischer Computer arbeitet nacheinander alle möglichen Wege durch, bis der richtigen Ausgang gefunden wird (siehe Abbildung 33 links). Je nach Komplexität des Straßennetzwerkes dauert die Lösung kürzer oder länger. Das heißt, bisherige klassische Computer arbeiten eben nacheinander – man spricht von serieller Verarbeitung –, um die optimale Route in einem komplexen Straßennetzwerk zu finden. Zwar schnell, aber eben Schritt nach Schritt. Die Frequenz dieser Rechenschritte ist ein Teil der Rechenleistung. Moderne Personal Computer benutzen GHz-(Gigahertz-)Chips, das heißt, die Frequenz beträgt einige Milliarden Schwingungen pro Sekunde.

Ein Quantencomputer hingegen ist ein Meister des Multitasking: Er würde alle Straßen gleichzeitig parallel berechnen und deshalb im Vergleich zur herkömmlichen seriellen Methode quasi sofort die perfekte Route finden (Abbildung 33 rechts).

Wie geht das? Der Quantencomputer arbeitet statt mit Bits mit den schon erwähnten Quantenbits oder Qubits. Qubits werden

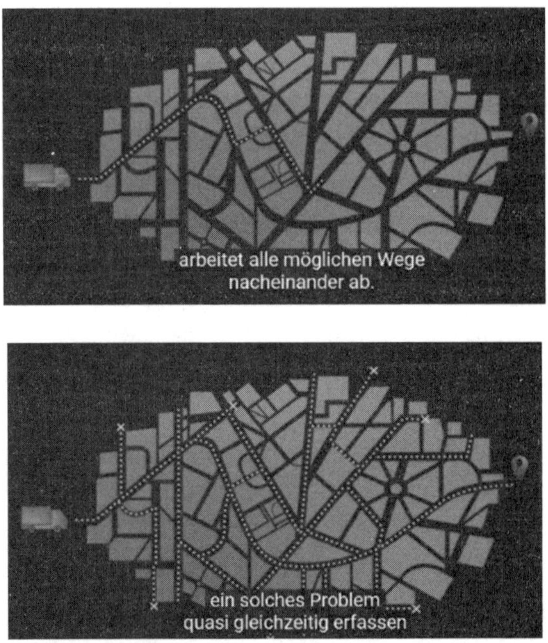

Abbildung 33: Vergleich zwischen der Suche nach dem direktesten Weg in einem Verkehrsnetz mit einem klassischen Computer (oben) und der Suche mit einem Quantencomputer (unten), aus einem Video des Fraunhofer-Instituts für angewandte Festkörperphysik.

durch das Manipulieren und Messen von Quantenobjekten wie Photonen, Elektronen, gefangenen Ionen und Atomen erzeugt. Sie können zum Beispiel mit der Spin-Orientierung eines Elektrons gebildet werden. Je nach Spin-Ausrichtung ist der Zustand als [0] (Spin »up«) oder [1] (Spin »down«) interpretierbar.

Die Eigenschaften der Qubits in Quantencomputern beruhen auf zwei Hauptprinzipien der Quantenmechanik, der Superposition und der Verschränkung.

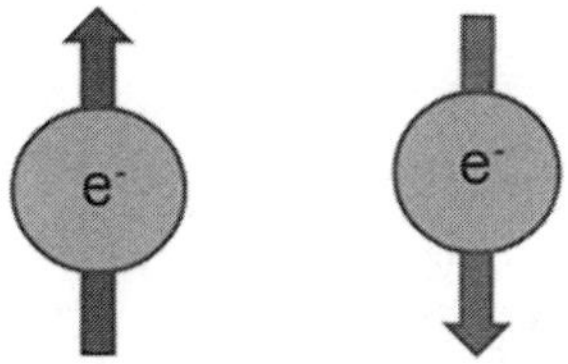

Abbildung 34: Darstellung von zwei Elektronen mit Spin »up« und Spin »down«

Superposition bedeutet Überlagerung, das heißt, ein Qubit kann den Zustand [0] oder [1], aber auch alle möglichen Zuständen dazwischen gleichzeitig in einer überlagerten Form einnehmen. Deshalb wird ein Qubit als Sphäre (die sogenannte Blochsphäre) dargestellt, in der der Zustand durch einen beweglichen Pfeil symbolisiert wird. Nur bei einer Messung wird Spin »up« oder »down« angezeigt (bei einem Elektron-Qubit wird der Spin mit einem Magnetsensor gemessen). Ohne diese Messung ist sein Zustand unbestimmt, es kann beides gleichzeitig sein. Ein Qubit ähnelt einer Münze, die, in die Luft geworfen, sich schnell um sich selbst dreht. Man kann eben zunächst nichts darüber sagen, ob sich Kopf oder Zahl oben befindet. Die Münze ist quasi gleichzeitig in beiden Zuständen.

Diese Fähigkeit des Qubits macht den Quantencomputer viel effizienter. Was nun folgt, stammt aus einem YouTube-Video von Matthias Troyer und dem Artikel von Jens Marre (siehe Literaturliste) Beide Autoren zeigen, wie viele Bits benötigt werden, um einen oder mehrere Qubits nachzubilden.

1 Qubit benötigt 256 herkömmliche Bits.

2 Qubits benötigen 512 herkömmliche Bits.

10 Qubits benötigen 16 herkömmliche Kilobyte (1 Byte = 8 Bits).

20 Qubits benötigen 16 herkömmliche Megabytes,

30 Qubits benötigen 16 herkömmliche Gigabytes.

Abbildung 35: Darstellung eines Qubits anhand einer Blochsphäre, in der der Zustand durch einen beweglichen Pfeil repräsentiert wird

Jedes weitere Qubit verdoppelt die notwendige Zahl von herkömmlichen Bits. Im Vergleich zu klassischen Computern steigt die Rechenleistung eines Quantencomputers aufgrund der Superposition exponentiell. 45 Qubits entsprechen dem aktuell größten konventionellen Supercomputer. Bei 50 Qubits schlagen Quantencomputer alle möglichen herkömmlichen

Supercomputer, und bei 250 Qubits müsste ein klassischer Computer alle Atome im gesamten Universum als herkömmliche Bits verwenden!

Außerdem können die Qubits mit einer Rate von Terahertz (Billionen Mal pro Sekunde) zwischen 0 und 1 wechseln, das heißt, sie sind circa tausendmal schneller als ein herkömmlicher Computerchip. Ein weiterer Grund für die viel höhere Rechenleistung und -geschwindigkeit gegenüber klassischen Computern.

Eine weitere quantenmechanische Eigenschaft macht die Quantenrechner zur wahren Wunderrechenmaschine: Während in einem klassischen Computer alle Bits schrittweise und unabhängig voneinander agieren – das heißt, der Zustand eines Bits wird durch den Zustand der anderen Bits nicht beeinflusst –, sind die Qubits gemeinsam Teil eines großen Quantenzustands, denn sie sind miteinander verwoben. In der Quantenmechanik spricht man von »Verschränkung«. Sie rechnen quasi gemeinsam zur gleichen Zeit, was die Möglichkeit der angenommenen Zustände natürlich in ungeheure Größenordnungen erweitert. Und das gilt unabhängig davon, wie viele Qubits vorliegen.

Fassen wir zusammen: Klassische Computer können sich zu einer Zeit nur in einem der möglichen Zustände der Bits befinden. Ihre Leistungsfähigkeit betrifft immer die Anzahl der Rechenschritte nacheinander und damit die Anzahl der Bits, die dem Rechner zur Verfügung stehen.

Quantencomputer hingegen befinden sich aufgrund von Superposition und Verschränkung gleichzeitig in einer Überlagerung aller möglichen Zustände. Natürlich spielt auch hier die Zahl der Qubits eine Rolle, aber ihre Rechenleistung wächst aufgrund der Überlagerung exponentiell. Und da mehrere

Qubits miteinander quantenverschränkt werden können, kann die Berechnung im Quantencomputer sofort durch Korrelation erfolgen. Obwohl sich der Quantencomputer in einer Überlagerung von Millionen von Zuständen gleichzeitig befinden kann, erhalten wir bei der Messung nur einen einzigen Zustand, den mit der höchsten Wahrscheinlichkeit.

Die Leistungsfähigkeit des Quantencomputers beruht also auf den besonderen Eigenschaften der Quantenwelt. Wichtig ist dabei vor allem der statistische Charakter aller quantenmechanischen Beziehungen aufgrund der nicht zu vermeidenden Unbestimmtheit. Sie stellt somit eine grundlegende Grenze dar, die erst im Moment der tatsächlichen Messung ausgeschaltet wird. Damit werden natürlich auch alle Rechenprozesse immer Wahrscheinlichkeiten mit statistischen Unbestimmtheiten enthalten, die auf das absolute Minimum beschränkt sein sollen. Dafür sind aber möglichst ungestörte Verhältnisse nötig, die die besonderen Eigenschaften der Qubits ausmachen.

Qubits – die quantenphysikalischen Pendants der klassischen Computerbits – reagieren nämlich wie alle Quantenobjekte äußerst empfindlich auf äußere Einflüsse. Qubits können bereits durch thermische Schwankungen der Elektronik und den Zusammenstoß mit Luftmolekülen ihren Zustand verändern, während der Berechnung! Damit verbunden sind dann Rechenfehler. Sie zu erkennen und zu korrigieren, ohne dass der fragile Quantenzustand zerstört wird, ist Aufgabe der Fehlerkorrekturverfahren. Ohne solche Techniken können die Quantencomputer das ihnen zugeschriebene Potential nicht verwirklichen.

Die Verschränkung und die Superposition sollen möglichst nicht gestört werden. Deshalb werden Quantencomputer zur

Vermeidung mechanischer Schwankungen räumlich isoliert und bei sehr niedrigen Temperaturen nahe am absoluten Nullpunkt betrieben. Denn nur unter diesen Bedingungen laufen die Qubits gewissermaßen ungestört zu Hochform auf und können wundersame Leistungen vollbringen. Das heißt aber eben auch, dass wir nach wie vor einen erheblichen Aufwand betreiben müssen, um den Betrieb von Quantencomputern überhaupt zu ermöglichen. Sie werden deshalb kaum als Personal Computer zu Hause einsetzbar sein. Aber die Forschung arbeitet an Quantencomputern, die auch bei höheren Temperaturen wirksam sein können. Und es tut sich was: Im November 2024 kam aus Taiwan die Nachricht: Kleinster Quantencomputer der Welt funktioniert auch bei Raumtemperatur. Ist zwar nur für ganz kleine Rechenprozesse verwendbar, aber es ist immerhin ein erster Schritt.

Die Zukunft des Quantencomputings liegt deshalb wahrscheinlich in einer Kombination: herkömmliche, seriell arbeitende Computer für die Arbeit in der »widerspenstigen Wirklichkeit«, unempfindlich gegenüber äußeren Störungen, in deren innersten technischen Strukturen sich Quantencomputerkerne befinden, die Optimierungsaufgaben superschnell lösen können und ihre Daten danach an die serielle Verarbeitung weiterleiten.

Literatur

Florian Aigner: *Warum wir nicht durch Wände gehen* *unsere Teilchen aber schon. Ein Reiseführer durch die Welt der Quanten*, Brandstätter, 2023

Ralph Caspers: »Wie kann man mit Quanten Nachrichten verschlüsseln?«, YouTube-Video: Quarks Dimension Ralph

Fraunhofer-Institut für angewandte Festkörperphysik: »Quantencomputer. Funktionsweise und Anwendung«, YouTube-Video: www.youtube.com/watch?v=3s2bPNzOlFM (zuletzt aufgerufen 26. Mai 2025)

Harald Lesch: *Quantenmechanik. Eine Einführung*, Komplett Media, 2008

Robert Löw: *Quanten*, Reclam, 2024

Jens Marre, »Der unglaubliche Quantencomputer einfach erklärt«, Quantencomputer-info.de

Herbert Pietschmann: *Quantenmechanik verstehen*, Springer, 2002

Nadja Podbregar: »Kleinster Quantencomputer der Welt entwickelt«, Scinexx.de, 29. Oktober 2024, https://www.scinexx.de/news/physik/kleinsten-quantencomputer-der-welt-entwickelt/ (zuletzt aufgerufen 26. Mai 2025)

Gesche Pospiech: *Quantencomputer & Co. Grundideen und zentrale Begriffe der Quanteninformation verständlich erklärt*,

Kapitel 4.2: Quantenkryptographie, Springer Spektrum, 2021
Carl J. Pratt: *Quantenphysik für Anfänger*, Selbstverlag, 2022
Brigitte Röthlein: *Schrödingers Katze: Einführung in die Quantenphysik*, dtv, 1999
Clemens Salie: *Quantenphysik, leicht gemacht*, edition antu, 2024
Matthias Troyer: »High Performance Quantum Computing«, YouTube-Video: www.youtube.com/watch?v=Hkz_Sn5qYWg (zuletzt aufgerufen 26. Mai 2025)
Dominic Walliman: »The Map of Quantum Computing – Quantum Computing Explained«, YouTube, Domain of Science, https://www.youtube.com/watch?v=-UlxHPIEVqA (zuletzt aufgerufen 26. Mai 2025)

Abbildungsnachweis

S. 40: Matthias Gritschneider
S. 44: educationalgames.nobelprize.org/educational/physics/energy/fusion_2.html
S. 53: Archiv der Autoren
S. 55: Archiv der Autoren
S. 57: Stefanie Walch
S. 59: Wikipedia-Eintrag Wilhelm Conrad Röntgen
S. 60: Archiv der Autoren
S. 64: Siemens
S. 69: © evidence.de
S. 72: Archiv der Autoren
S. 73: Wikipedia-Eintrag Magnetresonanztomographie
S. 77: Forschungszentrum Jülich, Pressebilder
S. 82: Ferdinand Helmer
S. 93: Piper Verlag
S. 94: Archiv der Autoren
S. 95: © ITER
S. 101: Physikalisch-technische Bundesanstalt
S. 104: Veronika Junk
S. 106: Veronika Junk
S. 111: Sascha Trippe
S. 112: MPE/ESO/Ric Davies

S. 113: Stefan Seip (www.astromeeting.de)/MPE/ESO
S. 119: Veronika Junk
S. 120: Veronika Junk
S. 121: Archiv der Autoren
S. 123: https://Supernova.eso.org/germany/exhibition/1102/
S. 124: Wikipedia-Eintrag Hintergrundstrahlung
S. 134: Wikipedia-Eintrag Magnetenzephalographie
S. 136: Archiv der Autoren
S. 140: https://en.wikipedia.org/wiki/Polarizer und Archiv der Autoren
S. 141: Archiv der Autoren
S. 143: Nvidia
S. 145: Archiv der Autoren
S. 146: Fraunhofer-Institut für angewandte Festkörperphysik; https://www.youtube.com/watch?v=3s2bPNzOlFM
S. 147: Archiv der Autoren
S. 149: Archiv der Autoren

Register